김경수 국방·안보·시사 칼럼집

대포동 미사일과
연예인 X파일

국익(國益), 공익(公益), 사익(私益)의 정치경제 현장

김경수 국방·안보·시사 칼럼집

대포동 미사일과
연예인 X파일

국익(國益), 공익(公益), 사익(私益)의 정치경제 현장

KSI 한국학술정보㈜

바야흐로 '정치의 계절'입니다. 17대 대통령선거와 18대 국회의원 총선이 시기적으로 6개월 이내에 모두 치러지기 때문이지요. 아마 세계에서 우리나라만큼 국민들이 정치에 관심이 많은 곳도 없을 것입니다.

예컨대, 지난 9월 말 현재 중앙선거관리위원회에 대통령후보로 예비등록을 마친 사람이 무려 125명이라는 언론 보도도 있습니다. 이들의 직업도 다양해서 학생, 무직자, 청소부, 지하철역 도우미, 주부, 청원경찰, 승려, 목사, 택시기사, 역학인, 가수(연예인), 국회의원 등 거의 모든 직종을 망라하고 학력 또한 박사에서부터 무학에 이르기까지 천차만별이라고 합니다.

달리 생각하면 그렇게 첨예한 관심 속에 펼쳐지는 한국의 정치와 정치판이 아직도 갈 길이 멀다는 느낌을 지울 수 없는 이유가 어디에 있을까 생각해 봅니다. 한마디로 '기본'과 '근본'에 충실하지 않기 때문이지요.

정치의 요체가 무엇인지는 너무도 자명합니다. 진보·보수의 싸움도 좌우파 이데올로기 다툼도 아니지요. 그저 국민의 입장에서는 요컨대 두루 '잘 먹고, 잘 살게' 해 주는 것이겠지요.

저자는 평소 잘 살아보자는 화두나 명제가 현실에서 왜 이루어지지 않는가에 대한 답을 찾고자 하는 소박한 심정에서 그 동안 신문, 잡지 등 언론 매체에 개인적인 의견을 개진해 왔습니다. 여기에 그 중의 일부를 한 권의 책으로 모아 보았습니다.

글의 주제가 제1부에서 4부까지 국방·외교·통일·시사로 나뉘어 있으나 모든 분야를 관통하는 메시지는 국익(國益), 공익(公益), 사익(私益)간의 조화를 여하히 슬기롭게 이루어 나가느냐가 관건이라는 것입니다. 결국, 국제정치 든 국내정치 든 다툼의 본질은 개인의 이익이냐, 사회집단의 이익이냐, 국가의 이익이냐를 판가름하는 현장이기 때문입니다.

졸고의 출간을 허락해 주신 한국학술정보(주) 채종준 사장님과 편집 등 업무적으로 많은 도움 주신 임은정님(출판사업부)에게 깊은 감사를 드립니다.

2007년 11월
남가좌동 연구실에서
김경수

CONTENTS

약 어 표

ABM	Anti-Ballistic Missile(요격미사일)
AG	Australia Group(호주그룹)
BWC	Biological Weapons Convention(생물무기금지협약)
CBM	Confidence-Building Measures(신뢰구축조치)
CD	Conference on Disarmament(군축회의)
CEP	Circular Error Probability(원형공산오차)
CFA	Combined Field Army(연합야전군)
CFC	Combine Forces Command(한미연합사)
CFE	Conventional Armed Forces in Europe (유럽재래식전력감축협정)
CODA	Combined Delegated Authority(연합권한위임사항)
CoCoM	Coordinating Committee(on Multilateral Export Controls) (대공산권수출통제위원회)
CSCE	Conference for Security and Cooperation in Europe (유럽안보협력회의)
CTBT	Comprehensive Test Ban Treaty(포괄적 핵실험금지조약)
CVID	Complete, Verifiable and Irreversible Dismantlement (완전하고 검증가능하며 되돌릴 수 없는 핵 폐기)
CWC	Chemical Weapons Convention(화학무기금지협약)
EAA	Export Administration Act(수출관리법)
EAR	Export Administration Regulations(수출관리규정)
EASI	Eastern Asian Strategic Initiative(동아시아안보구상)
EFTA	European Free Trade Association(유럽자유무역협정)

EITC	Earned Income Tax Credit(근로소득보전세제)
EU	European Union(유럽연합)
FOIA	Freedom of Information Act(정보자유화법)
FTA	Free Trade Agreement(자유무역협정)
GBI	Ground-Based Interceptor(지상배치요격미사일)
GCC	Ground Component Command(지상구성군사령부)
GCS	Global Control System(세계미사일통제체제)
HEU	Highly Enriched Uranium(고농축우라늄)
IAEA	International Atomic Energy Agency(국제원자력기구)
IBRD	International Bank for Reconstruction and Development (국제부흥개발은행, 일명 세계은행)
INFCIRC	Information Circulation(안전조치모델협정, 정보회람)
JSA	Joint Security Area(공동경비구역)
KEDO	Korean Peninsula Energy Development Organization (한반도에너지개발기구)
LPP	Land Partnership Plan(연합토지관리계획)
MBFR	Mutual Balanced Force Reduction(상호균형감군-협상)
MCM	Military Committee Meeting(군사위원회회의)
MD	Missile Defense(미사일방어)
MDL	Military Demarcation Line(군사분계선)
MTCR	Missile Technology Control Regime(미사일기술통제체제)
NATO	North Atlantic Treaty Organization(북대서양조약기구)
NLL	Northern Limit Line(북방한계선)
NMD	National Missile Defense(국가미사일방어)
NPT	Nuclear Non-Proliferation Treaty(핵확산금지조약)
NSG	Nuclear Suppliers Group(핵공급국그룹)
NWFZ	Nuclear Weapons Free Zone(비핵지대)
ODA	Official Development Assistance(공적개발원조)

OECD	Organization for Economic Cooperation and Development (경제협력개발기구)	
OOTW	Operations Other Than War(전쟁이외의 군사작전)	
OPCW	Organization for Prohibition of Chemical Weapons (화학무기금지기구)	
OSCE	Organization for Security and Cooperation in Europe (유럽안보협력기구)	
PKO	Peacekeeping Operations(평화유지활동)	
QDR	Quadrennial Defense Review(4년주기 국방검토보고서)	
RMA	Revolution in Military Affairs(군사혁신)	
SCM	Security Consultative Meeting(안보협력회의)	
START	Strategic Arms Reduction Talk/Treaty (전략무기감축회담/조약)	
TCOG	Trilateral Coordination and Oversight Group (3자 대북정책조정감독그룹)	
THAAD	Theater High Altitude Area Defense(전역고고도방어)	
TMD	Theater Missile Defense(전역미사일방어)	
TWEA	Trading with the Enemy Act(적성국교역법)	
UEP	Uranium Enrichment Program(우라늄 농축프로그램)	
UNC	United Nations Command(유엔군사령부)	
UNHCR	United Nations High Commissioner for Refugees (유엔난민고등판무관)	
WA	Wassenaar Arrangement(바세나르체제)	
WG	Working Group(실무그룹)	
WMD	Weapons of Mass Destruction(대량살상무기)	
WTO	Warsaw Treaty Organization(바르샤바조약기구)	
WTO	World Trade Organization(세계무역기구)	
ZC	Zangger Committee(쟁거위원회)	

제 1부

국방·군사 편

'안보'와 '주권국가' 두 마리 토끼 잡는 방법

전작권 환수 논란과 동맹조약의 올바른 이해

최근 일고 있는 전시작전통제권 환수논란에는 몇 가지 오해가 있는 것 같다. 지금 중요한 것은 전작권 환수 여부나 시기가 아니라 한미동맹의 새로운 설계가 필요하다는 점이다.

작금 국내의 최대 외교안보 쟁점으로 떠오른 전시 작전통제권 환수논란은 그 상당부분이 동맹조약의 기능과 성격에 대한 오해에서 비롯된 것으로 보인다. 무엇보다 지난 반세기의 한미 군사관계를 되돌아 볼 때, 전시 작통권 환수는 우리가 원하던 원치 않던 머지않은 장래에 기정사실화될 것이라는 게 필자의 판단이다. 여기에는 다음과 같은 몇 가지 근거가 있다.

동맹조약과 군병력 주둔은 별개 사안

첫째, '군사동맹'(조약)의 기본 성격 때문이다. 군사동맹의 핵심은 제3국으로부터의 공격(적대행위)에 대하여 서로 돕기로 약속한 두 나라 이상 사이의 결합을 말한다.

여기서 중요한 것은 '동맹조약' 자체와 체약국이 상대국에 군병력을 주둔시키는 것은 전혀 별개의 사안이라는 사실이다. 원래 국가 간의 동맹조약은 제1차 세계대전 이전에는 공격과 방어를 겸하는 이른바 공수(攻守) 동맹이 일반적이었으나 제2차 세계대전 이후에는 '방어'만을 목적으로 방위(방어)동맹이 보편적이다. 따라서 동맹은 체약국 간에 유사시에 와서 돕는다는 것이지 평시에 군대를 타국에 주둔시켜 방어한다는 개념이 아니다.

바로 이런 이유로 1948년 정부수립 이후 있었던 다섯 차례에 걸친 주한 미군의 감축과 철수가 모두 우리의 의지와는 상관없이 미국의 독자적 결정에 따라 행해졌던 것이다. 이는 부분적으로는 한·미 상호방위(동맹) 조약상의 불평등한 조항에도 기인한다. 이 조약 제4조는 미국이 한국 영토에 자국군을 주둔시키는 권리(駐兵權)만을 규정하고 있기 때문이다.

전시 작통권 환수는 오랜 미 군사변환 전략의 일환

둘째, 벨 한미연합사령관이나 밸코트 미 8군사령관이 최근 공개적으로 언급하고 있는 '한국의 독자적 작전권 보유 필요성'과 '미군의 지원역할 전환' 문제는 어제 오늘의 이야기가 아니다. 오랫동안 기획되어 온 미국의 군사변환 전략의 일환이라는 것이다.

그 뿌리는 1989년 탈냉전의 새로운 안보환경을 맞아 미 의회가 통과시킨 넌-워너 법안이며 이는 다시 미 행정부의 동아시아전략구상(EASI, 1990년)으로 구체화되었는데, 핵심내용은 주한미군의 역할을 '주도적'에서 '보조적'으로 바꾼다는 것이다. 이에 따라 7,000명의 주한미군이 감축되고 이를 추동하기 위한 '한국방위의 한국화'계획이 만들어지고 한미야전사(CFA)도 이때 해체된 것은 잘 알려진 사실이다.

평시작전권(환수)의 경우도 노태우 정부의 선거공약이기는 하였으나 미 국방부와 합참이 1991년 1월 1일부로 이양할 뜻을 밝혔고 사실상 4년 뒤인 1994년 12월에야 한국군에 넘어 왔다. 미국이 먼저 제의하고 우리는 준비를 이유로 반환시기를 늦추는 패턴이 이때부터 시작된다.

가장 최근의 사례로는 판문점 공동경비구역(JSA) 임무 한국군 이양과 미 2사단 한수이남 재배치도 우리 정부 조야의 반대가 심했음에도 결국은 미국의 로드맵에 따라 그대로 시행하는 것으로 귀결된 경험이 있다.

특히 미 2사단 재배치와 용산미군기지 이전은 부시행정부의 '해외주둔 미군재배치검토'(GPR, 2003년 11월)와 관련되지만 이것도 그 이전의 '4년 주기국방계획'(QDR, 2001년 9월)의 '전략성 유연성'에 근거하고 있다. 이는 다시 아버지 부시 대통령 때인 1991년 걸프전 이후 비롯된 미국의 군사혁신(RMA)논의와 무관하지 않다. 한마디로 뿌리가 깊다는 이야기이다.

동북아거점사령부와 전작권 반환·연합사 해체의 상관관계

셋째, 미 측이 '전시 작전통제권 반환'과 '연합사해체'를 공론화하는 것은 일본에 '동북아거점사령부'를 설치하는 계획(2008년)과 무관하지 않다. 미 태평양사령부에서 '동북아사령부'를 분리, 신설하는 내용의 군사력운용 개편안은 이미 1990년대 초 현 체니 부통령이 국방장관 재임 중 처음 기획됐던 것으로 그 후 민주당 클린턴 정부하에서도 의회 소위원회(1995년)가 건의한 바 있다. 부시 행정부의 국방·안보분야 실질적 정책 결정자인 체니 부통령이 이를 추진하지 않을 이유가 없다.

동북아사령부 신설 취지는 중국의 발흥 등 이지역의 중요성에도 불구하고 베링해에서 아프리카 동부 해역까지 지구의 3분의 2에 해당하는 면적에 60개국 이상을 담당하고 있는 태평양사령부로서는 충분한 주의를 기울일 수 없다는 것이다.

미국이 2009년에 전시 작전통제권을 반환하겠다는 것도 2008년 일본 가나가와현 자마 기지에 동북아거점사령부의 설치완료 시점과 무관하지 않다고 생각된다.

한미연합사 해체나 작통권 반환은 이러한 해외주둔 미군 재배치 계획의 일환으로 받아들여야 할 것이다. 요컨대, 현 정부가 미워서 또는 강력하게 요구하기 때문이라는 차원이 아닌 것이다. 자국군을 주둔시키고 있는 미국의 전반적인 군사변환(military transformation) 전략의 일환이고 미국의 국익에 관련된 일이기 때문에 선례에 따라 우리의 국익이 끼어들 틈이 별로 없는 것이다.

한반도에서 미 지상군을 점진적으로 감축해 반으로 줄이면서 4성장군이 지휘하는 독자적인 연합사령부를 유지한다는 것은 현실적이지 못할 뿐만 아니라 '전략성 유연성'에 따라 지역기동군화를 꽤하는 미국의 입장에서 한미연합사는 거추장스러운 '굴레'일 수 있기 때문이다.

한미동맹은 전시작통권이나 연합사와는 무관

끝으로 전시 작통권이 환수되고 한미연합사가 해체되면 한미동맹이 약화되고 전시 미 측으로부터 증원군 전개가 어렵지 않겠느냐는 우려에 관한 것이다.

먼저 '한미동맹의 약화'는 미 측이 밝힌 대로 전혀 사실이 아니다. 한미동맹을 가동시키는 것은 한국전 휴전 직후 1953년 체결된 한미상호방위조약이지 그 후 편의상 설정·설치된 전시 작통권이나 연합사와는 무관하기 때문이다.

또 다른 이유는 미국의 전시 증원군 파병여부는 헌법과 관계법령에 따라 의회가 최종적으로 결정하게 돼 있기 때문에 기본적으로는

'정치적인 사안'이라는 데 있다. 미국은 우리와 달리 전쟁선포권(연방헌법 1조 8절 11항)이 의회에 있고 전쟁수권법(War Power Act, 1973년)에 따라 미군의 해외파병권도 의회가 가지고 있다. 즉 의회의 비준을 요하는 '조약'이 아닌 행정부의 약속사항(예, 행정협정)은 무시될 수도 있다는 사실을 명기해야 한다.

미국이 한국전 당시 30만 명의 병력을 파병하고 월남전에 50만 명 이상의 병력을 투입했던 것은 국제정치적인 요인이 컸던 것이지 사전에 동맹조약이나 파병약속이 있었기 때문은 아니다.

연합사 해체와 작통권 환수가 기정사실이라면 슬기로운 대응책이 시급히 강구되어야 마땅하다. 대안은 기존의 유엔사의 기능을 강화하고 평시에는 긴밀한 협조체제하에 미·일과 같은 병립형 작전지휘체계로 운영하다 유사시에는 다국적 NATO사령관을 정점으로 재편되는 미국-독일의 연합방위체제를 준용, 유엔군사령관에 지휘체계를 일원화시킴으로써 '안보공백' 논란과 '주권국가 체면'이라는 두 마리 토끼를 잡는 것이다.

한미상호방위조약 개정으로 미국의 지원의무 강화해야

이와 함께 궁극적으로 한반도의 평화를 담보하기 위해서는 현행 한미상호방위조약을 개정하여 NATO의 '즉각적인 군사지원' 형태로 미국 측의 지원의무를 강화시켜야 한다. 즉 동 조약 제3조의 "유사시 헌법적 절차에 따라 지원한다"는 교과서적인 규정은 우리와 대치관계에 있는 북한과 중국 간의 군사동맹조약인 조·중상호원조조약(1961년)이 "지체 없이 군사적 지원을 한다"(동 조약 제2조)고 규정하고 있는 것과 비교해도 큰 차이가 있다.

〈국정브리핑 2007. 8. 14〉

NLL에 대한 그릇된 인식과 진실

우리 속담에 "초상집에 가서 밤새도록 곡하고 아침에 누가 죽었느냐고 묻는다"는 말이 있다. 상황의 실체를 제대로 파악하지 못하고 어느 한쪽에 치우치다 보면 정작 중요한 것을 놓칠 때가 많다는 것이다.

최근 제2차 남북 정상회담을 앞두고 의제 선정과 관련, NLL문제 포함 여부를 놓고 정부 안팎에서 논란이 가열되고 있다. 특히, 안보 관련 전 현직 고위관리로부터 "NLL은 영토개념이 아니라 안보개념"이라는 언급에 이어 "NLL을 영해선으로 보는 것은 위헌"이라는 주장 등이 잇따라 제기되면서 정부 내에서 조차 혼선을 빚고 있는 양상이다.

우선 서해 북방한계선(NLL)이 영토개념이 아닌 안보개념에서 설정되었다는 통일부장관의 발언은 동전의 양면과 같은 상호 불가분의 관계를 간과한데서 오는 오류이다. 이는 영토의 연장인 영해의 개념이 어떻게 생겨났는지를 생각해 보면 자명해진다.

근대 해양법의 선구자인 18세기 네덜란드 국제법학자 '빈커섹'(Corelius van Bynkershoek)이 처음으로 3마일 영해주권을 주창한데는 "국가의 권력은 무기의 힘이 미치는 곳까지"라는 전제하에 당시 대포의 착탄거리를 기준으로 한 것이다. 그 후 영해의 범위는 무기의 발전과 함께 각국이 차츰 확장을 주장해 오다 1994년 유엔해양법협약(UNCLOS)에서 12마일로 정해지게 되었다. 따라서 오늘날 남북관계의 현실에서 서해 영해와 관련된 우리의 NLL도 안보와 분리해서 생각할 수 있는 명제가 아니다.

"NLL을 영해선으로 보는 것은 위헌"이라는 주장도 논리의 비약이거나 억지일 수밖에 없다. 우리 헌법 제3조의 "대한민국의 영토는 한반도와 그 부속 도서로 한다"는 규정은 선언적 의미인데 그것을 문자 그대로 '문리해석'하여 "NLL을 영해선으로 본다면 위헌"이라는 주장은 견강부회(牽强附會)의 우를 범하는 것이다.

만일 헌법 3조의 영토조항에 충실했다면 1992년의 남북기본합의서는 애초에 체결될 수 없었다. 이는 국가보안법상 북한은 "정부를 참칭하거나 국가를 변란할 것을 목적으로 하는 반국가단체"에 해당되기 때문이다. 1991년 남북한 유엔에 동시 가입한 것도 국제법상 묵시적인 국가의 승인으로 간주될 수 있고 이에 따라 더 더욱 동 헌법조항은 선언적 성격의 색채를 짙게 만들었다.

이밖에 우리 영해법(1977년)에 따라 "서해 5도까지 '직선기선'(straight baseline)을 연장할 경우, 연평도와 소청도 사이의 폭이 47마일이 되어 영해와 접속수역을 포함, 24마일을 넘기 때문에 일부에서 해양법협약 위반이라는 지적이 제기되기도 하지만 한국이 가입하고 있는 유엔해양법협약(UNCLOS, 1994년)이나 '영해 및 접속수역 협약'(1958년)에도 이를 명시적으로 제한하는 규정은 없다. 직선기선의 연장선과 관련하여 학계에서는 작게는 24마일에서 최대 48마일까지 다양한 의견이 제시되고 실정이다.

NLL은 1953년 휴전 직후 유엔사가 일방적으로 설정했다고 하나 지난 반세기 동안 서해상에서 남북간 해상 군사분계선 역할을 충실히 해왔고 이는 남북기본합의서(1992년)에서도 인정되고 있다.

주지하는 바와 같이 북한은 1990년대 초부터 꾸준히 정전협정체제 와해를 획책해 왔다. 남북 정전체제의 네 기둥(군사정전위(MAC), 중립국감시위(NNSC), 군사분계선(MDL), 북방한계선(NLL)) 중 두 개(MAC, NNSC)는 이미 무실화되었고 육지에서의 MDL과 바다에서의 NLL만 남아 있었는데 이제 해상의 한 축인 NLL을 제거하려는 움직임을 노골화하고 있는 것이다.

불과 얼마 전까지 NLL을 지키려다 장렬히 산화한 호국영령들을 생각할 때 북한의 이러한 교묘한 책략에 무엇보다 철저히 대비해야 한다. 따라서 NLL의 남북정상회담 의제화(문제)는 아직은 시기상조라고 생각되며 절차상으로도 남북정상회담이 정례화되고 남북 양자 간에 실질적 긴장완화가 이루어졌을 때 '남북군사공동위'나 기타 실무회의에서 대량살상무기(WMD) 제거, 단계적 군축문제 등 여타 군사현안과 함께 논의할 사안이라고 본다.

〈중앙일보, 2007. 9. 10.〉

동유럽 미사일방어(MD) 논란과 미국의 딜레마

  2001년 5월 현 부시행정부 출범 초기부터 역점 사업으로 추진해온 미국의 미사일방어(MD) 계획이 최근 동유럽지역에 MD기지를 설치하는 문제를 놓고 러시아와의 갈등이 심화되면서 국내외적으로 새로운 논란을 일으키고 있다.

미국 동유럽 MD 계획에 러시아 강력 반대

  한때 미·러 간에 '신냉전'의 우려까지 낳았던 동유럽 MD 논란은 지난주 G-8 정상회담에서 푸틴 러시아 대통령이 부시 미국 대통령에게 미·러 간에 미사일방어체제 공동기지를 건설하자고 역제안하면서 미국의 대응에 관심이 모아진다.
  연초부터 미국은 이란과 북한의 탄도미사일 공격으로부터 유럽을 보호한다는 명분 아래 MD 시스템의 첨단 X-밴드 레이더는 체코에, 요격미사일(GBI) 10기는 폴란드에 각각 배치하는 방안을 마련하고 이들 국가와 교섭을 벌여왔다.
  러시아는 그러나 자국의 앞마당에 MD 시스템을 배치하려는 미국의 계획이 사실상 러시아를 겨냥한 것이라며 강력 반대해 왔다. 이란의 미사일 능력으로는 최대 사정거리가 1400km에 불과하고 유럽지역을 공격하려면 적어도 4500km의 사거리는 되어야 하는데 너무 과장되었다는 것이다.

미국은 현재 알래스카의 레이더 기지 등 본토에 11기의 지상발사 요격미사일(GBI)을 운용하고 있으나 이것만으로는 유럽의 동맹국 보호에 미흡하다는 판단이다.

푸틴 '핵전쟁 초래 가능' 경고

푸틴 대통령은 선진8개국(G8) 정상회담에 앞서 지난 6월 3일 모스크바에서 G8 회원국 주요 언론과 한 회견을 통해 미국이 동유럽에 MD기지 설치를 강행할 경우 러시아는 유럽에 미사일을 재배치하는 등 보복조치에 나설 수 있다면서 이는 핵전쟁을 초래할 수 있다고 경고한 바 있다.

이 밖에도 러시아는 올 2월과 4월 두 차례에 걸쳐 미국과 체결한 중거리핵전력(INF)협정에서의 탈퇴와 유럽재래식무기 감축협정(CFE)의 이행 중단을 경고하기도 했다.

이와 관련 중국도 미국의 동유럽 MD기지 설치 구상이 새로운 군비경쟁을 촉발할 것이라고 반대 입장을 분명히 하고 있다. 장위(姜瑜) 외교부 대변인은 "열강 간 상호신뢰 구축에 이롭지 않고 새로운 핵확산 문제를 낳을 수 있다"고 최근 한 외신과의 기자회견에서 밝힌 바 있다.

아무튼, 미국으로서는 러시아의 제안을 받자니 그동안 준비해 온 동유럽 MD기지 건설이 차질을 빚는 등 세계 전략에 변화가 불가피하게 되고 그렇다고 거절하자니 국제사회의 여론이 부담스러운 난처한 입장에 처한 형국이다.

일단은 라이스 국무장관 등의 기자회견을 통해 "기존의 독자적인 MD계획은 계속 추진해나간다"고 밝혔으나 아제르바이잔 레이더 공동기지 운영 제안에 대해서는 타협의 여지를 남겨 두었다.

7월 미 · 러 정상회담서 집중 논의

이 문제는 7월 초 미국 메인주 케네벙크포트에서 열리는 미 · 러 정상회담에서 집중 논의될 것으로 보여 이번 회담이 미국의 동유럽 MD 배치를 둘러싸고 갈등을 빚어 온 양국관계에 분수령이 될 전망이다.

MD와 관련한 미국의 두 번째 딜레마는 MD 기술 자체에 관한 것이다. 즉 MD 시스템에 대한 신뢰도가 낮아 완벽한 시스템 구축까지는 아직 갈 길이 멀다는 데 있다.

미국은 2002년 10월부터 2007년 5월까지 도합 6차례의 탄도 미사일 요격실험을 실시했으나 성공한 것은 단지 두 번뿐이었다. 그것도 2002년 10월의 성공은 탄도미사일이 아닌 일반 미사일을 대상으로 한 것이고 정확히 탄도미사일을 대상으로 성공한 실험은 작년 9월 1일 알래스카 코디액(Kodiak)에서 발사한 탄도미사일을 대기권 밖에서 요격한 것이 유일하다.

러시아, 신형 대륙 간 탄도미사일 발사 성공

전문가들은 미국의 탄도미사일 요격 능력은 '매우 제한적'이라며 훨씬 강도 높은 실험 프로그램이 필요하다고 주장한다. 예컨대, MD가 계획대로 가동한다고 해도 현실적으로 적의 모조 탄두를 이용한 공격이나 동시 다발적인 대량 공격에는 속수무책이라는 것이다. 또한 실험에서는 장병들이 언제 어디서 공격 미사일이 발사되는지 알고 있지만 실제 전쟁에서는 거의 예측불가하다는 것이다.

미국의 MD라는 '방패' 못지않게 이를 꿰뚫려는 러시아 쪽 '창'의 발전 속도 또한 무시하지 못한다. 지난 5월 29일 러시아 전략미사일

사령부는 다탄두 개별유도(MIRV)방식의 신형 대륙 간 탄도미사일 RS-24의 발사 실험에 성공했다고 발표했다. 기존의 ICBM 토폴-M을 개량한 3단 고체연료 추진 로켓으로 알려진 이 미사일은 10개의 수소폭탄 탄두를 실을 수 있으며, 사거리는 최소 9600㎞로 추정돼 전세계 모든 곳을 공격할 수 있다는 것이다.

이날 세르게이 이바노프 러시아 제1부총리는 "러시아는 기존의 미사일 방어 시스템은 물론, 미래에 배치될 시스템까지 관통할 수 있는 미사일을 보유하게 됐다"며 "국방과 안보 측면에서 러시아의 미래는 평온할 것"이라고 시험 성공을 자축했다.

요컨대, 미국의 MD 구축계획은 '방패'를 뚫려는 보다 튼튼한 '창'의 도전과 내부적으로는 '방패' 자체의 기술 완성도 달성이라는 양면전의 힘겨운 싸움을 하고 있는 것이다.

미국, 천문학적 MD비용 조달에 어려움

끝으로, 세 번째 딜레마는 MD 구축에 드는 천문학적 비용의 조달 문제이다. 미국은 잘 알려진 대로 연간 경상수지 적자가 1조억 달러에 달하고 재정적자도 금년 들어 다소 줄고는 있으나 2천억 달러를 상회할 것으로 국내외 언론 매체는 전망하고 있다.

유에스에이(USA) 투데이지가 최근(5월 29일자) 자체 분석결과를 토대로 한 미국 연방정부의 누적 재정적자는 기업회계방식을 적용할 경우 59조 달러에 이르고 작년 한해만도 공식 발표된 2480억 달러의 5배가 넘는 1조 3천억 달러에 달한다는 것이다. 한마디로 심각한 지경에 이른 상황이다.

이런 가운데 MD 프로그램은 이라크전비와 함께 미국의 적자재정을 압박하는 또 다른 요인이 된다. 1980년대 초 레이건 행정부의 이른바 '스타 워즈(Star Wars)' 구상 이래 지금까지 약 910억 달러(약 90조 원)이 투입됐으나 MD 시스템이 제 모습을 갖출 2015년까지는 600억 달러가 더 들어갈 것으로 예상된다.

동유럽 MD기지 건설에만 2011년까지 총 16억 달러가 소요되는데 미 국방부는 우선 5천600만 달러의 예산을 의회에 요청해 놓고 있다. 이 같은 행정부의 MD 사업 추진에 대해 미 의회의 반대여론 또한 만만치 않다. 지난 5월초 미 하원은 국방부가 요청한 차기 회계연도 MD 관련 예산에서 7억 6천400만 달러 이상을 삭감했다.

결론적으로 미국의 MD 프로젝트는 러시아, 중국 등과의 정치 외교적 마찰은 물론 재정적, 기술적 문제까지 겹쳐 3중고에 시달리고 있는바 일차적으로는 7월 초에 개최되는 미 · 러 정상회담을 통해 외교적 갈등은 일부 해소될 소지가 있으나 대내적으로 의회와의 관계에서 지출예산(안) 처리와 함께 MD관련 기술적 취약점 등은 앞으로도 계속 논란의 대상이 될 것으로 보인다.

〈국정브리핑, 2007. 6. 14.〉

美 MD실험 성공의 파장

지난 14일 조지 W. 부시 행정부 들어 처음 실시된 미사일 요격실험이 성공함에 따라 미국의 미사일방어(MD)체제 구축이 본격화할 전망이다. 클린턴 행정부 당시 한 차례 성공한 이후 모두 실패한 미사일 요격실험이 이번에 다시 성공함으로써 MD체제를 강력 추진 중인 부시 행정부의 입지를 강화시켜 줬다.

그러나 러시아 중국 등의 반발도 만만치 않아 그에 따른 외교·안보적 파장이 동아시아에 미칠 영향 또한 적지 않다. 미국 MD계획 추진이 특히 한반도를 비롯한 동북아에 제기할 안보현안은 크게 네 가지로 집약된다.

첫째, 제1의 이해당사국인 러시아·미국 관계 악화가 우려된다. 1972년 미국과 탄도탄요격미사일(ABM) 제한협정을 체결, 유사시 상대의 공격 능력을 담보로 이른바 '공포의 균형'을 유지함으로써 전략적 안정을 도모했던 러시아는 미국의 MD체제가 이를 저해한다고 강력히 반대하고 있다. 더욱이 러시아는 미국이 ABM조약을 파기하면서 MD를 강행하면 미국과 맺은 기존의 모든 핵관련 조약의 파기를 경고했다. 그중에는 1980년대 동·서 긴장완화에 결정적 역할을 한 중거리핵미사일(INF)조약, 전략무기감축협상(START Ⅰ, Ⅱ) 등 주요 조약이 포함된다. 이렇게 되면 세계는 다시 냉전시대 핵 군비경쟁 상황으로 되돌아가는 우를 범하는 것이다.

둘째, 중국·러시아가 연대해 미국 MD체제에 반대하는 연합전선을 펼 가능성이 제기된다. 이미 MD실험 직후 16일 모스크바 중·러 정상회담에서 양국이 친선우호협력조약을 체결함으로써 싹트기 시작했다. 양국은 정상회담 이후 미국 MD체제에 대한 반대 입장을 분명히 하고 공동대응을 모색키로 합의했음을 밝혔다. 문제는 중·러의 반대전선에 북한이 가담할 경우 한반도와 동북아 지역에서 한·미·일 정책공조의 필요성과 함께 냉전구도를 재연시켜 한반도 긴장완화와 평화정착을 위한 지금까지 노력을 수포로 돌아가게 할 수 있다는 것이다.

셋째, 북·미 관계의 교착상태가 지속될 가능성이다. 미국은 MD계획 추진이 북한, 이라크 등 불량국가의 장거리 미사일 개발위협에 대처키 위한 것이라고 밝히고 있기 때문에 북·미 미사일회담이 어떤 형태로든 영향을 받지 않을 수 없다. 북·미 대화가 최근 한 달이 넘도록 이뤄지지 않는 것도 같은 맥락에서 볼 수 있다. 미국의 딜레마는 북한과 미사일회담이 타결되면 MD추진 명분을 다른 곳에서 찾아야 하는데 마땅한 대상을 찾기가 어렵다는 것이다. '전략적 경쟁자'로 지목한 중국을 겨냥한 것이라고 하기엔 정치·외교적 부담이 너무 크다. 따라서 미사일 문제로 미·북 관계가 가까운 장래에 잘 풀리지 않을 가능성을 배제할 수 없다.

끝으로 가장 민감한 이슈가 한국의 대응책이다. 앞서 말한 대로 미국의 MD를 빌미로 동북아에서 북·중·러의 연합전선과 남쪽 한·미·일을 다른 한 축으로 하는 연합이 형성·대립되는 것은 한반도의 냉전 청산과 민족통일의 대업을 이룩하려는 우리 정부의 궁극적인 정책목표에 역행하는 것이다. 정부는 이미 TMD와 관련, 불참 입장을 밝힌 바 있다. 따라서 그 연장선에서 추진되는 MD계획에 대해 성급히 찬반을 논하기에 앞서 국익과 동아시아 평화 안정에도 일조하는 '정직한 중재자'의 역할을 자임하는, 보다 능동적인 자세가 필요하다. 한국은 이 지역에서 유일하게 미·일·중·러 4강 모두와 정식 수교한 '중진국'으로서 그에 걸맞은 외교역량을 발휘할 때이다.

〈세계일보, 2001. 7. 25.〉

NMD 아직은 '중립'을

　지난달 말 푸틴 러시아 대통령 방한 이후 미국의 국가미사일방어 (NMD) 계획에 대한 찬반 논란이 일고 있다. 한·러 정상회담 공동성명에 미·러 간의 '탄도탄요격미사일(ABM)조약의 보존·강화'를 명시한 것이 미국이 추진 중인 NMD계획에 배치되지 않느냐는 것이다. 이와 관련, 정부는 김대중 대통령의 방미에 앞서 국가안보회의를 열고 미국의 NMD 추진계획을 '호의적으로 이해한다'는 쪽으로 입장을 정리한 것으로 알려지고 있다.

　이 같은 우리 정부의 일련의 직·간접적 외교적 대응은 다음과 같은 이유에서 불가피하다고 본다. 우선, ABM조약은 미국과 러시아가 당사자인 양자 국제조약이다. 조약의 개폐문제는 전적으로 체약 당사국의 소관사항이다. 제3국이 이래라 저래라 할 사안이 아닌 것이다.

　현재 미국은 NMD계획을 추진하면서 1972년에 체결한 이 조약이 '불량국가'의 출현을 예로 들면서 오늘의 현실을 반영하기에는 불충분하므로 이를 개정하자는 입장이고 러시아는 미국의 NMD가 기존의 전략핵무기 등 균형을 깨뜨린다고 반대하는 입장이다. 미·러 양국은 그러나 군사적 안정성을 위한 노력의 일환으로 1999년 독일 쾰른 G8 정상회담 이래 ABM조약의 중요성을 인식한다는 공동성명을 내놓고 있다. 미국은 현실에 맞게 ABM조약을 개정해서 이른바 '강화·보존'해 나가자는 입장이고 러시아는 아직 그럴 필요가 없다는 주장이다.

이는 국제법상 조약개정의 사유가 발생했느냐 아니냐의 논란, 즉 '사정변경의 원칙(rebus sic stantibus)'에 관한 문제로서 역시 체약 당사국 간에 다툴 일이지 제3자인 우리가 간여할 성질이 아니다. 따라서 한·러 공동성명에 ABM조약의 보존·강화를 명시했다고 해서 그것이 미국·러시아 어느 일방을 지지했다고는 볼 수 없는 것이다.

국제 정치적인 맥락에서 보더라도 미국의 NMD계획은 1990년대 이래 진행되어 온 전략무기 감축노력에 찬물을 끼얹는 결과를 가져오게 되고 결과적으로 다시 세계는 군비경쟁을 가속화시킬 것이라는 우려를 낳고 있다. 이런 이유로 러시아와 중국은 물론 유럽연합(EU)과 대부분의 북대서양조약기구(NATO) 동맹국들까지도 NMD계획을 반대하고 있는 것이다.

미국과 정치, 경제, 군사적으로 가장 밀접한 관계에 있는 캐나다조차도 작년 12월 푸틴대통령의 오타와 방문 시 양국 간 정상회담을 통해 미국의 NMD계획을 반대한다는 성명을 낸 바 있다. 최근 국내외 여론의 반대를 무릅쓰고 미국의 이라크 공습에 함께 참여한 영국까지도 NMD계획은 러시아와의 관련조약 개정합의를 전제로 해야 한다는 소극적 지지 입장을 밝히고 있다.

세계가 이렇게 미국의 NMD계획에 반대 내지는 유보적 입장을 취하는 데는 나름대로의 이유가 있다. 즉 구소련 와해 이후 사실상 유일 초강국인 미국이 최근 수년간 보인 외교행태는 핵군축보다는 핵군비강화로 기우는 게 아닌가 하는 우려가 들 정도로 세계의 조류에 역행하는 모습을 보이고 있는 것이다. 가장 대표적인 사례가 미국의 주도로 1996년 유엔에서 결의한 포괄적핵 실험금지조약(CTBT)을 미국 상원이 비준 거부한 것이나 1997년 미국과 러시아, 우크라이나, 벨로루시, 카자흐스탄 등 구소련 4국이 체결한 ABM조약 승계에 관한 양해각서를 미국의회가 비준하지 않고 있는 것이다.

후자로 인해 전략무기감축협정(START Ⅱ)은 작년 4월 러시아 두마가 뒤늦게 비준했음에도 불구하고 아직까지 비준서가 교환되지 않아 발효되지 못하고 있다. 물론 이 같은 결과가 미국 행정부의 뜻은 아니지만 보수적인 부시 공화당행정부하에서 어떤 변화가 올 것으로 기대하기는 어렵지 않겠느냐는 회의가 그 바탕에 깔려 있다고 할 수 있다.

우리 한국의 입장에서는 김대중정부 출범 이후 그동안 역동적으로 또한 일관되게 추진해 온 한반도 냉전구조 해체를 위한 노력을 배가시킬 필요성과 함께 유일한 맹방인 미국의 입장을 다 함께 고려해야 하는 곤혹스러운 상황이기도 한데 전술한 제반 상황을 고려할 때 어느 한쪽으로의 명백한 지지는 바람직스럽지 않은 것이다. 이 문제는 결국 미국의 NMD 계획을 둘러싼 러시아와 미국 양국 간의 기존 조약 개정문제이므로 우리 정부가 3자적 입장을 취하는 것이 현명한 대응책이라고 할 것이다.

〈문화일보, 2001. 3. 7.〉

'TMD 불참'의 근거

　작년 8월 북한의 대포동 미사일 발사실험은 미국의 전역미사일방어(TMD)계획의 실현을 앞당기게 하는 데 결정적인 역할을 한 것으로 보인다. 이는 지난 1월 일본을 방문한 윌리엄 코언 미국 국방장관의 TMD관련 언급에서도 잘 나타나고 있다. 그는 미·일 양국이 공동연구·개발키로 한 TMD에 대한 예산을 추가 배정하여 실전배치 목표연도를 당초 2006년에서 2~3년 앞당길 계획이라고 밝혔다.

　그동안 미국의 TMD계획은 막대한 재정부담 및 기술적 요인으로 인해 별 진전이 없었는데, 북한의 미사일 발사 실험을 계기로 미국 의회가 뒤늦게 이 계획을 승인하고, 그동안 미국의 동참 권유에 미온적이었던 일본이 참여하기로 하는 등 발 빠른 변화가 일고 있다. 미국은 한국에도 직·간접적으로 TMD계획에의 참여를 종용해온 것으로 알려져 있으나, 최근 정부는 일련의 발표를 통해 참여계획이 없다는 것을 밝힌 바 있다. 미국이 독자적으로 TMD구상을 추진하면서도 이와 관련, 우방국의 협력을 요구하는 것은 나름대로의 이유가 있다.

　첫째, 비용 문제이다. TMD는 지상, 해상 등 상·하층 다층방어체계로 이루어지는데 그 조달비용이 엄청나게 들어감으로써, 미국의 국방예산 감소에 따라 미국 단독으로 TMD체계 개발에 소요되는 비용을 전담하기에는 능력을 초과하고 있다는 것이다. 미국 클린턴 행정부는 금년 초 탄도미사일방어 계획을 위해 향후 6년간 70억 달러

(약 8조 4천억 원)를 지출키로 결정했으나, 실제 예산은 이보다 훨씬 많이 들어갈 것으로 보인다. 이는 레이건 행정부의 전략방어구상 (SDI) 계획 이후 지금까지 미사일 방어를 위해 들어간 비용이 모두 5백50억 달러(약 64조 원)에 이르는 점을 감안할 때 무리한 추측이 아니다.

엄청난 비용 재정에 큰 부담

둘째, 기술적으로 볼 때도 초고속 탄도미사일을 공중에서 요격한다는 것은 매우 어려운 기술이다. 실제로 미국이 지상 상층방어용으로 개발 중인 전역 고고도 지역방어체계(THAAD)의 경우, 6회의 요격시험에서 모두 실패를 경험한 바 있다. 이에 따라 일본이나 유럽 동맹국의 비교우위 기술을 복합적으로 응용해야 할 필요성을 인지하고 있다.

셋째, 이러한 TMD체계를 운용하는 것 또한 매우 복잡하다. 우선 탄도미사일이 장거리를 비행하므로 엄청나게 넓은 지역을 방어해야 하며, 따라서 연합전력의 실시간 협조·조정이 요구됨은 물론, 연합국간 TMD체계의 상호 운용성 문제도 대두되고 있는 것이다. 현재 미국의 TMD 국제협력사업에는 영국, 프랑스, 이스라엘, 일본 등 13개 국가가 참여하고 있는데, 계약 건수로도 4백여 건에 금액으로는 10억 달러가 넘는 것으로 알려져 있다.

이와 같이 다수의 국가가 참여하는 미국의 TMD구상에 한국이 참여할 계획이 없다는 정부의 방침은 지난 3월 5일 천용택 국방부장관의 기자회견에서 처음 밝혀졌으며, 최근에는 김대중 대통령의 외신기자 회견에서도 같은 취지의 언급이 있었다. 정부의 이 같은 방침

은 일견 동맹국인 미국의 대의명분에 동참하지 않는 것으로 비칠지
모르나, 궁극적으로는 가장 합리적인 판단이자 현명한 결정이라고
생각된다. 그 근거로 다음과 같은 몇 가지 이유를 들 수 있다.

첫째, 천장관이 밝혔듯이 TMD가 북한 미사일에 대한 효과적인
대응수단이 아니라는 것이다. 한반도는 전장의 종심이 짧기 때문에
위성의 지령을 통한 요격에 필요한 만큼의 충분한 반응시간이 부족
할 수 있고, 더구나 우리에게의 위협은 휴전선 일대에 배치된 북한
의 장사정 야포(자주포·방사포)로서 인구 밀집지역인 수도권 전역
이 그 사정거리에 든다는 사실이다.

한반도 지형탓 군사효과 미미

둘째, 경제적으로도 이제 겨우 외환위기에서 벗어나기 시작한 취
약한 재정형편에 이미 한반도 핵문제와 관련, 수십억 달러의 경수로
사업비를 부담하는 데 추가하여 비용을 분담하는 데는 한계가 있다.

셋째, 제일 중요한 요인으로 한반도의 평화와 안정을 위해서는 4
자회담을 비롯, 중국의 협조가 필수적인 상황에서, 가뜩이나 미·일
의 TMD 공동개발계획에 최근 대만의 참여문제로 민감하게 반응하
고 있는 중국을 자극시키는 한·미·일 연합전선 성격의 제휴는 바
람직하지 않다는 것이다. 지난주 제주에서 열린 아·태지역의 정계,
재계, 학계, 언론계 중진들의 모임인 '윌리엄스버그 회의'에서 "한국
이 미·일의 TMD체계 구축 노력에 동참을 거부한 것은 동북아의
평화와 안정을 위해 매우 의미 있는 일"이라는 평가를 받은 것도 같
은 맥락에서 이해된다.

〈문화일보, 1999. 5. 11.〉

北 대량살상무기 '해법'있다

지난달 미국 부시대통령의 '악의 축' 발언 이후 북한의 대량살상무기(WMD) 문제가 새삼스럽게 초미의 관심사로 등장하고 있다. 국내 언론도 20일 열린 한·미 정상회담의 주요의제 중 하나로 북한의 대량살상무기 문제를 꼽고 있다.

핵, 화생무기, 미사일 등 북한의 대량살상무기 개발·보유 문제는 말 그대로 어제 오늘의 이야기가 아니다. 미사일의 경우는 1970년대 중반 이후, 특히 1980년대에 들어와 본격적인 개발이 이뤄졌으나 핵이나 화생무기 연구·개발은 1950년대 말, 1960년대 초 이래 당시 김일성 북한 정권의 역점 사업의 하나였던 것이다.

북한이 이같이 대량살상무기에 집착하는 것은 당시 김일성주석도 밝혔듯이 현대전에서의 이들 무기의 유용성이 재래식무기에 비할 바가 아니라는 이유에서이다. 1990년대 초 소련·동구의 몰락과 더불어 자체의 생존을 위협받고 있다고 여기는 북한의 입장에서 그 유용성에 대한 믿음은 더욱 강화됐을 것이다. 따라서 이 문제는 쾌도난마(快刀亂麻)의 해결을 바라기가 어려운 상황에 처해 있는 것도 사실이다.

한국과 미국이 북한의 대량살상무기 문제에 관해 일단 대화로써 해결의 실마리를 찾자는 데에 원칙적인 합의를 이루고 있는 것으로 알려져 있으나 구체적으로 어떻게 추진한다는 언급은 아직 없다. 이에 관해 앞으로 한·미 간에 구체적으로 논의될 사안 중의 하나로 다음의 몇 가지 예비 신뢰구축조치를 제안해 본다.

우선, 핵무기의 경우 1994년 제네바 북·미 합의의 이행개선과 함께 1997년 이후 강화된 국제원자력기구(IAEA) 안전조치 프로그램, 즉 '93+2 프로그램'에 참여해야 할 것이다. 후자의 경우는 민간 대학, 산업체의 핵관련 시설에 대한 사찰까지 허용하는 광범위한 검증계획으로서 핵무기 개발을 원천적으로 봉쇄하려는 시도이다.

둘째, 화학무기의 경우에는 엄격한 검증과 제재를 동시에 요하는 국제 화학무기협약(CWC·1993년 파리에서 체결)에 북한이 가입하여 한국과 같이 화학무기금지기구(OPCW)로부터 정기적인 사찰을 받는 것이다. 북한은 1925년 체결된 제네바의정서에는 가입했으나 동 의정서는 화학무기의 '사용'을 금지하는 것이 주안점이고 개선된 파리협약(CWC)은 연구·개발, 비축도 금지하고 철저한 사찰·검증 및 제재를 가하는 등 광범위한 금지체제이다.

셋째, 생물무기의 경우, 북한이 국제생물무기금지조약(BWC) 가입국가임에도 불구하고 1994년 이래 체약국들이 추진하는 '검증강화계획'에 참여하지 않고 있는바 여기에도 참여하여 생물무기에 대한 사찰에 임하겠다는 의지를 보여야 할 것이다. 이 밖에 궁극적으로는 한국이 가입하고 있는 화생무기 관련 수출통제기구인 호주그룹(AG)에도 참여해야 함은 물론이다.

넷째, 미사일은 현재 이를 금지하는 국제 다자조약은 없으나 미사일 기술 선진 33개국 간의 신사협정인 '미사일기술통제체제(MTCR·한국 2001년 가입)'에 북한이 가입함으로써 사거리 300km, 탄두중량 500kg의 기술수출 제한을 지킬 필요가 있다.

끝으로 북한의 이러한 대량살상무기 신뢰구축 조치들에 대해서는 작년 10월 캐나다 오타와에서 열린 제16차 MTCR총회에서 채택한

'행동지침 초안'과 같이 일정한 경제·안보 차원의 보상이 제공될 필요가 있다. 북한의 입장에서 미사일 같은 외화벌이 수단을 포기하고 또 그들 나름대로의 비대칭전략 차원에서 가지고 있는 대량살상무기에 대한 집념을 버리라고 할 때에는 그에 따른 어느 정도의 상호주의적 보상은 불가피한 것이다. 미국도 이러한 취지로 대북 포괄적 접근의 틀에서 국제금융기구 가입·지원, 경제제재완화, 양국 관계개선 등을 고려하고 있다고 본다.

한편, 미국의 최대 관심사인 북한 미사일 문제는 1차적으로는 북한의 MTCR 가입을 종용하되 여의치 않을 경우 한·미·일간의 공동 감시·추적 시스템 가동도 고려해 볼 수 있다. 또 다른 방법으로는 러시아가 1999년 유엔 총회에서 제안한 세계미사일통제체제(GCS)를 통한 범세계적인 규제조치도 고려해 볼 수 있을 것이다. 북한은 작년 2월 모스크바에서 한국, 일본 등 71개국과 유엔대표 등이 참석한 GCS 2차 전문가회의에도 대표를 참석시킨 바 있다. 따라서 MTCR 보다는 확대된 범세계 차원의 미사일 규제체제에의 북한 참여 가능성을 아울러 타진해 볼 필요가 있다.

〈문화일보, 2002. 2. 20.〉

동북아사령부와 안보외교

새 정부 출범을 앞두고 한국과 미국 사이에서 '주한미군철수' 발언을 둘러싼 논란이 고조돼 가고 있는 가운데 최근에는 미국이 하와이 소재 기존 태평양사령부에서 동북아사령부를 분리, 신설하는 내용의 군사전력운용 개편안을 추진 중인 것으로 알려져 파문이 일고 있다.

2월 초 노무현 대통령 당선자의 대미 특사단과 도널드 럼즈펠드 미국 국방장관과의 면담에서 비롯된 '미군철수' 논란은 그 진위야 어떻든 때마침 한반도가 지난 1993년 이래 또다시 북핵 문제로 위기감이 고조돼 가는 중에 당시와는 정반대의 상황이 전개되는 듯한 느낌을 갖게 한다. 즉 10년 전 북핵 위기 때는 이른바 '넌-워너 수정안'에 따른 단계적 철군 계획을 백지화시켰던 일이 있었기 때문이다. 한편, 주일 미군과 주한 미군을 예하 부대로 하는 미군의 동북아사령부 설치는 한미연합사의 해체를 아울러 시사하는 것으로 우리에게 미치는 영향과 함께 중·러를 비롯한 주변국의 반발도 만만치 않을 것이다.

이와 관련된 문제에 대한 우리 나름의 해법을 찾기 위해서는 우선 미국 측의 정확한 진의 파악이 선행돼야 할 것이다. 여기에는 세 가지 서로 다른 차원의 현안이 얽혀 있다. 첫째, 주한 미군의 재배치 문제다. 이는 서울시내 한복판에 100여 만 평에 달하는 용산기지 이전 문제를 비롯하여, 전국 각지에 산재해 있는 미군 기지들을 통폐

합하는 일이다. 이 문제는 미국의 동아시아전략구상(EASI·1990)에서도 제시한 대로 미군의 역할을 '주도적'에서 '보조적'으로 바꾸는 것과 함께 주민의 불편을 최소화하기 위한 것이다. 이는 이미 지난해 4월 한·미 군사 당국이 '연합토지관리계획(LPP)'에 따라 2011년까지 단계적으로 추진키로 합의한 바 있다.

둘째, 우리의 가장 큰 관심 사항인 미군 철수 내지 감군에 관한 것이다. 이 문제도 큰 틀에서 보면 전혀 새로운 이슈가 아니다. 탈냉전 이후 미국은 각종 군사 혁신 프로그램을 통해 군을 첨단화·기동화·정예화해 가는 과정에서 자연스럽게 병력 감축을 추진하게 된 것이다.

최근 애리 플라이셔 백악관 대변인도 "냉전이 끝난 지 11년이 지난 지금 세계 여러 곳에 배치된 미군 병력의 수와 형태에 대해 재고해야 한다"는 입장을 밝혔다.

따라서 이러한 맥락에서 볼 때 주한 미군의 철수는 차치하고 적어도 부분 감축이나 해·공군 위주의 주둔 등 성격 변화는 이미 오래전에 감지됐던 일이다. 관심의 초점은 왜 하필 북핵 현안으로 한반도에서 긴장이 높아져 가고 있는 이 시기에 그러한 철군·재편 문제가 불거져 나왔느냐 하는 것이다. 확증은 없으나 일부 언론에서의 분석처럼 지난해 여중생 사망사건 이후 촛불시위 등 고조된 국내의 반미 감정과 새로 출범하는 '진보적' 노무현정부에 대한 경고의 메시지일 수도 있다고 보인다. 따라서 당장 실천에 옮긴다기보다는 향후 그럴 개연성도 있다는 암시라고 생각된다.

끝으로, '동북아사령부' 설치 구상인데, 이 문제도 1990년대 초부터 이미 제기돼 왔던 현안이다. 즉 체니 국방장관(현 부통령), 당시 존 쿠시먼 전 주한 미1군단장 등 미국의 일부 전략가들이 주한 미 전략

공군 및 일부 병참부대를 제외한 미 지상군의 전면 철수와 함께 일본에 '동북아사령부'를 설치할 것을 주장했었다. 이는 다시 민주당 클린턴행정부 때인 1995년 당시 게리 럭 주한 미군 사령관이 미 의회 산하 '군 임무와 역할위원회'에 태평양사령부에서 일부를 분리하여 동북아군 사령부를 신설하자는 건의를 함으로써 세간에 알려지게 됐다. 신설의 취지는 동북아 지역의 중요성에도 불구하고 베링해에서 아프리카 동부 해역까지 지구의 3분의 2에 해당하는 면적에 60개국 이상을 담당하고 있는 태평양사령부로서는 충분한 주의를 기울일 수 없다는 것이었다.

그 후 1998년 초 주한 미8군사령부와 한미연합사의 '지상구성군사령부(GCC)'를 확대 개편할 때에도 장차 한미연합사가 해체될 경우에 대비해 이 지역 안정의 핵심 역할을 수행할 동북아사령부의 창설에 대비한 포석이라는 분석이 있었다.

상술한 대로 미국의 주한 미군 성격 조정문제나 동북아사령부 설치 구상은 어제 오늘의 일이 아니며 적어도 10년 이상 장기간에 걸쳐 논의돼 온 사안이다. 따라서 우리가 취할 최선의 방책은 미국의 국익에도 부합하면서 동시에 우리의 국익을 극대화시키는 노력을 다하는 것이다. 우리도 이제 건군 반세기에 걸맞은 '자주국방'의 모멘텀을 찾아 전화위복의 계기를 만드는 진취적인 대응 자세가 바람직하다고 본다. 예컨대, 미 측이 지상군 일부를 철수하더라도 그에 상응하는 이상의 공군력 보강을 실현시키도록 하는 것도 우리의 안보외교적 수완에 달린 것이다.

〈문화일보, 2003. 2. 18.〉

북핵해법 남아共 방식을

지난주에 끝난 베이징(北京) 3자회담 때 북한 대표의 핵무기 보유 발언으로 나라 안팎이 온통 시끄럽다. 북 측이 제의한 이른바 '포괄적 타결안'에 대해 미국 측이 대응책 마련에 부심하고 있는 가운데 평양의 남북 장관급회담은 난항을 겪고 있다.

북핵 문제가 다시 불거진 지난해 10월 이래 최근까지 전개되는 소용돌이의 상황을 접하면서 우리가 나무만 보고 숲을 보지 못하는 우를 범하는 게 아닌가 하는 느낌을 지울 수 없다.

첫째, 북한이 "핵을 갖게 되어 있다" "재처리 마지막 단계에 와 있다" "핵무기를 이미 보유하고 있다" 등으로 계속 말을 바꾸며 혼란스러운 메시지를 보내는 이유가 어디에 있는지를 잘 파악해야 할 것이다. 이는 한 마디로 북한이 특히 이라크사태 이후 그만큼 초조해지고 있다는 증좌다.

북한 김정일 정권은 유엔이나 한·중·일·러 등 주변국이 제 아무리 반대한다고 해도, 또 현재 미국 측이 일관되게 부인하고 있지만 부시행정부는 북한을 침공할 것이라는 확신을 가지고 있다고 봐야 한다. 따라서 미국이 북한을 공격할 경우 '자폭'도 불사하겠다는 절절한 의미가 담겨 있다. 여기서 '협상력을 제고하기 위한 벼랑끝 전술'이라든지, 또는 단순히 '협박용'이라든지 하는 해석은 부차적인 것이다.

둘째, '핵도미노' 현상에 대한 오해다. 즉 북한이 핵을 보유하면 동북아시아에서 일본과 대만의 핵화를 부추기고 급기야는 핵확산금지조약(NPT)이 붕괴한다는 식의 발상이다. 이것도 일부 전문가들의 그릇된 판단이거나 현실을 직시하지 못하는 단견이라고 생각된다. 1960년대 말 현재의 NPT가 출범할 당시, 군축 관련 보고서들은 앞으로 20~30년 안에 지구상의 핵 보유국 수가 20여 개에 이를 것으로 예측했었다.

그러나 오늘날 핵 보유국은 기존의 유엔 안보리 상임이사국 5개국을 제외한 이스라엘, 인도, 파키스탄 정도로 세 나라가 추가됐을 뿐이다. 남아프리카공화국 같은 나라는 1990년대 초 스스로 6개의 핵무기를 모두 폐기했다고 발표하기도 했다. 남아공은 NPT 가입국으로서, 정기적으로 국제원자력기구(IAEA)의 사찰까지 받았으나 '핵개발' 사실이 노출되지 않았다. 이러한 사례는 무엇을 말해 주는가. 현재의 제한된 국제 사찰만으로는 핵을 개발하려고 하는 나라를 통제할 수 없다는 뜻이다.

더구나 일본과 같이 핵에너지 이용의 효율성을 높이고 석유 의존도를 낮춘다는 명목으로 앞으로 10년 안에 85t의 플루토늄을 생산·저장한다는 계획을 가지고 있는 나라도 있다. 북한이 영변의 폐연료봉을 재처리, 30~40kg의 플루토늄을 만들 수 있다는 사실이 무색해진다. 핵 개발과 관련해서는 이미 '핵화(核化)'된 나라 못지않게 일본과 같이 핵의 '문턱(threshold)' 국가에 대한 우려가 크다. 대만은 중국과의 관계나 미국의 '대만관계법'에 따라 지원을 받는 만큼 견제 또한 심하기 때문에 대만의 핵화는 지난한 일이다.

셋째, 미국의 이른바 '검증 가능한 방법'으로 북한의 핵을 영구 포기하게 만든다는 계획과 관련된 것이다. 요컨대, 감시·검증의 문제는 군축의 가장 핵심적인 이슈이기도 한데, 이는 대다수의 국제 사찰 전문가들이 말하는 것처럼 완벽할 수가 없다. 불과 몇 백 명의 제한된 인력으로 IAEA의 안전조치(사찰) 대상국 100여 국을 성공적으로 감시한다는 것은 불가능에 가깝다. 북·미 간의 양자 간 사찰이 이뤄진다 해도 주권국가의 내부를 이잡듯 샅샅이 뒤진다는 것도 어려운 노릇이다. 우리 옛말에 "순사 열이 도적 하나를 못 당한다"는 말이 있지 않은가.

그렇다면 북한 핵문제는 어떻게 풀어야 할 것인가. 모범답안은 남아공의 예에서 찾을 수 있다. 남아공의 핵 포기는 1989년 프레데리크 빌렘 데클레르크의 민주화 정부가 들어서고 대외적으로는 유엔의 인종차별 관련 경제 제재 해제, 이웃 나미비아, 앙골라 사태의 진정 등으로 안보 위협이 사라진 데 따른 것에 다름 아니다.

북한의 경우도 결국은 그들이 인식하는 자국에 대한 안보 위협이 없어지고 궁극적으로는 평양에 민주화 정부가 들어서야 핵 포기가 가능할 것이다. 순서는 먼저 주변국에 대한 그들의 안보 위협 인식을 감소시킨 뒤에 점진적인 방법으로 북한에 민주정권이 들어서도록 장기적인 플랜을 가지고 유도해 나가는 길밖에 없다. 남북 간에 전쟁을 불사하고 수많은 인명과 재화를 희생시키면서 북한을 단시일 안에 민주화하는 것은 현실적인 대안이 되지 못하기 때문이다.

〈문화일보, 2003. 4. 29.〉

이라크 파병 딜레마

정부가 국회에 제출한 이라크 파병 동의안 처리가 여야당 내부의 이견과 반전 여론으로 지연되고 있다. 각종 시민단체들의 파병 반대 여론이 확산되고 있는 가운데 여야의 개혁 성향 의원들은 "유엔 동의를 얻지 못한 명분 없는 전쟁에 국군을 파병하는 것은 옳지 않다"는 의견을 개진하고 있다.

국가인권위원회도 26일 전원위원회를 열어 이 문제를 논의한 끝에 이라크 국민의 생명과 안전을 위협하는 이라크전쟁에 반대한다는 내용의 의견서를 냈다. 민변 등 사회단체에서는 이라크전 파병 문제와 관련, 헌법 제5조의 '침략전쟁을 부인한다'는 조항을 들어 헌법재판소에 헌법소원을 청구할 움직임을 보이고 있다.

정부의 파병동의안이나, 시민단체들과 일부 의원들의 파병반대론이나 모두 '국익'을 앞세워 그 나름의 명분과 실리를 내세우고 있다. 참으로 쉽지 않은 결정이다. 미국이 이라크의 대량살상무기 해체를 명분으로 삼고 있는 만큼 '북핵'문제를 눈앞에 둔 우리로서는 이라크전의 여파가 어떻게 미칠지 그 귀추를 예의 주시하는 입장이기 때문이다.

복잡한 문제일수록 핵심에 접근하기 위해서는 어느 정도 상황의 단순화가 필요하다. 즉 파병 문제와 관련해서는 크게 세 가지 차원에서 해법을 모색해야 할 것이다.

첫째, 국제법적 차원의 문제로, 한미동맹 조약상의 의무 이행과 관련된 사안이다. 1953년 체결된 한미상호방위조약에 따르면 "당사국의 정치적 독립 또는 안전이 외부로부터의 무력공격에 의해 위협받고 있다"고 인정할 때 소정의 절차를 거쳐 "적절한 조치를 취한다"(제2조)고 되어 있다.

이것은 이른바 '응원 의무 발생 사유(casus foederis)'를 규정한 것인데, 이라크전이 시작되기 이전에 미국이 그러한 입장에 처해 있었다고 보기 어렵기 때문에 한국이 군사적인 지원을 유보한다고 해서 이 조약상의 의무를 불이행하는 것은 아니다. 더구나, 이 조약 제1조는 체약 당사국이 "유엔의 목적에 배치되는 방법으로 무력 위협을 하거나 행사하는 것을 삼간다"고 규정하고 있다. 따라서 이번 미국의 대이라크 공격이 유엔 안보리의 결의로 뒷받침되지 않은 것과도 대조된다.

둘째, 국제정치적 함의이다. 널리 알려진 대로 미국의 이라크 침공은 유엔 안보리 상임이사국이자 한반도 이해관계국인 러시아와 중국의 반대는 물론 미국의 나토 동맹국인 안보리의 또 다른 상임이사국 프랑스와 통일 이후 유럽의 맹주로 부상을 꾀하고 있는 독일 등이 같은 취지로 맹렬히 반대하고 있다.

그리고 영국이나 스페인, 호주 등과 같이 전투병력을 파병하거나 적극 지지하고 있는 나라에서조차 반전 여론이 비등하여 향후 국제정치 판도에 지각 변동을 일으킬 중차대한 사안이라는 것이다. 이는 다시 말해 이라크 사태가 앞으로 유엔의 위상과 기능에 미치는 영향과 함께 탈냉전 후 국제 질서가 전면적으로 재편되는 상황을 맞을 수 있기 때문이다. 따라서 대아랍권 관계는 차치하고라도 우리의 신중한 판단과 대응이 요구된다는 것이다.

셋째, '북핵' 현안을 앞에 둔 남북 관계 차원이다. 미국 조야에서도 북한의 핵 등 대량살상무기 문제는 이라크 이상으로 심각한 상황이라는 논란이 있어 왔으나 이라크전을 치르는 동안은 소강상태를 유지할 것으로 보인다. 그러나 '이라크전 이후'에는 어떠한 형태로든 당사국 간에 해법 모색이 시도될 것이다. 이 경우 북-미 대결이라는 최악의 상황을 상정할 때 우리는 한·미 군사동맹과 연합사의 존재 때문에 좋든 싫든 또 다른 당사자가 될 수밖에 없다.

미국이 대북 군사적 해법을 모색할 것이냐, 또는 정치·외교적 해법을 택할 것이냐 하는 문제는 상당 부분 이라크전 수행 결과에 따라 판가름날 개연성이 강하다. 하지만 한국은 어느 경우든 미국과 긴밀한 협의와 합의가 필요하게 될 것이다. 따라서 다소 대의명분이 취약하다 하더라도 미국의 이라크 개전을 지지하지 않을 수 없는 상황이다.

이상과 같은 세 가지 서로 다른 차원에서의 필요 충분조건을 감안하고, 미국의 맹방인 캐나다, 멕시코의 반전 입장, 일본의 참여 정도를 두루 참고할 때 한국의 바람직한 대미 지원 형태는 일정 규모의 의무부대를 파병하는 것이다. 피아를 막론하고 병상자를 치료하는 의무부대는 인도주의적인 견지에서도 타당한 대안이라고 생각된다.

〈문화일보, 2003. 3. 27.〉

한·미 군사협력의 새 모델

조지 W 부시 미국 대통령이 11월 26일 해외 주둔 미군의 재배치 문제를 동맹국들과 협의하겠다는 성명을 공식 발표함으로써 국내적으로는 한미연합사와 유엔사의 한수이남 이전 문제와 함께 주한 미군 감축설이 새롭게 주목받고 있다.

한·미 당국은 연례안보협의회(SCM)에서 주한 미군 감축 논의를 내년 말까지 유보하기로 일단 합의한 상태다. 그러나 이는 어디까지나 잠정적인 것이고 용산기지의 오산·평택 이전 문제도 미군 잔류 병력 존치 여부와 잔류 시 기지 사용 면적 등 현안을 놓고 금년 말을 시한으로 마지막 절충을 벌이고 있는 상황이기 때문이다.

이러한 한·미 군사 현안은 물론 관련 당국에서 슬기롭게 대처해 갈 것으로 기대하나 사회 일각에서는 아직도 냉전시대의 '낭만적' 한·미 군사관계의 틀을 벗어나지 못하는 편견과 오해가 있는 것으로 보인다. 그 몇 가지 사례를 들어 본다.

첫째, 해외 주둔 미군의 재배치 구상은 어제 오늘에 비롯된 게 아니라는 것이다. 이미 91년 걸프전을 계기로 일기 시작한 미국의 군사혁신(RMA) 논의는 군의 경량화·기동화·첨단화를 통한 미군 재배치·감축 문제를 상정해 왔고 이러한 취지는 4년마다 공표하는 미국 국방계획의 청사진인 국방검토보고서(QDR, 2001년 9월)에 포함돼 있다. 특히, 1970년대에 이어 두 번째 국방장관을 맡고 있는 럼즈펠드는 가장 강력한 RMA 지지자이다.

둘째, 48년 정부 수립 이후 있었던 다섯 차례에 걸친 주한 미군의 감축 및 철수가 모두 우리의 의지와는 상관없이 미국의 독자 결정에 따라 행해졌는바 이는 한·미 상호방위조약상의 불평등한 조항에도 문제가 있다. 즉 이 조약 제4조는 미국이 한국 영토에 자국군을 주둔시키는 권리(駐兵權)만을 규정하고 있는 것이다.

셋째, 동맹조약과 그 체약국이 상대국에 군병력을 주둔시키는 것은 전혀 별개의 사안이라는 사실이다. 원래 국가 간의 동맹조약은 제1차 세계대전 이전에는 공격과 방어를 겸하는 이른바 공수(攻守)동맹이 일반적이었으나 제2차 세계대전 이후에는 '방어'만을 목적으로 방위(방어)동맹이 보편적이다. 따라서 동맹은 체약국 간에 유사시에 와서 돕는다는 것이지 평시에 군대를 타국에 주둔시켜 방어한다는 개념이 아니다.

넷째, 사정이 이러하다 보니 불가피하게 동맹국군을 자국에 주둔시키는 경우에도 그 나라 수도에 주둔시키는 경우는 없다는 것이다. 일본도 도쿄(東京)에서는 차로 한 시간 반 거리의 외곽 도시인 요코타(橫田)라는 곳에 미군사령부가 있고 독일도 베를린에서 수백 킬로미터 떨어진 하이델베르크에 주독 미군사령부가 있다(미국 유럽사령부는 슈투트가르트 소재). 이런 견지에서 미군이 전부 이전을 희망하는 오산·평택은 적절한 지역이라고 생각되며 서울에 '잔류'한다는 건 바람직스럽지 않다.

끝으로, 주한 미군의 역할과 관련해서는 '인계철선(tripwire)'의 논리에서 벗어나야 한다는 것이다. 미군을 휴전선 일대에 배치하여 유사시 미국이 한국전에 자동으로 개입하게 해야 한다는 것인데, 이는 군사혁신 시대 이전의 단선적 작전 개념에 불과하다. 걸프전 이후 현대전은 전후방의 구별이 없다. 특히, 공군력과 특수전 부대의 활약이 두드러지는 이른바 공지전(air-land battle) 개념이 보편화하여 럼즈펠드 미국 국방장관의 군 개혁안도 여기에 초점이 맞춰져 있다는 사실을 잊지 말아야 한다.

요컨대, 주한 미군의 재배치나 감군은 세계적 차원의 미국 국방·군사 전략의 일환으로 추진되는 것이므로 성실히 협상에 임하되 가장 중요한 것은 국토방위의 일차적인 책임이 그 나라 국민에게 있다는 인식이다. 즉 타국이 이를 대신해 줄 수 없다는 냉엄한 현실을 직시해야 한다. 성경에 "하늘은 스스로 돕는 자를 돕는다"라는 말이 있다. 우리 스스로가 자발적으로 국방 역량을 키워 나가지 않으면 21세기의 국제정치적 혼돈의 시대를 헤쳐 나가기 어려울 것이다.

국방 역량의 강화란 육·해·공군 등 상비군 병력의 산술적 증가를 말하는 게 아니다. 미국의 예에 따라 소수·정예화, 기동화, 첨단화를 통한 '기술집약형'군으로 거듭나는 것과 함께 한국형 지형에 맞는 독자적인 군사 교리 개발, 군 장병의 정신 교육 강화, 국방 연구·개발(R&D)의 내실화를 말한다. 뿐만 아니라, 이스라엘이나 스위스와 같은 효율적인 동원 체제의 확립 등 총체적인 업그레이드를 뜻한다.

〈문화일보, 2003. 12. 4.〉

이라크 파병 대안 찾을 때

우리 속담에 "초상집에 가서 밤새도록 곡하고 아침에 누가 죽었느냐"고 한다는 말이 있다. 요즘 이라크 파병 문제를 놓고 온 나라가 찬반 다툼으로 날을 지새우는 듯한 느낌인데도 불구하고 정작 핵심은 비켜 가는 게 아닌가 싶다. 특히 추가 파병 찬성 논리의 몇 가지 허구성을 천착해 보자.

첫째, '국익 논리'의 허구성이다. 찬성론자들은 국가 안보와 이라크 전후 복구사업 참여 등 경제적 이익을 이유로 든다. 이는 마치 파병을 하지 않으면 곧바로 한반도에서 전쟁이라도 일어날 것 같은 위기 상황이 닥칠 것을 전제로 하고 있다. 게다가 전후 복구사업도 '불확실한 미래'의, 우리만의 희망 사항일 수 있다는 엄연한 국제사회의 현실을 망각한 것이다.

무엇보다 가장 원초적인 국가 이익은 소중한 국민의 생명과 재산을 지키는 일인데 치안이 불안한 지역에서 우리 군인의 희생을 담보로, 그것도 연간 1000~2000억 원대의 막대한 경비를 들여가며 '국익'을 논한다는 것이 어불성설(語不成說)이다. 이와는 별도로 이미 한국은 2억 6000만 달러를 이라크 재건 비용으로 무상 지원키로 한 바 있다.

둘째, '동맹 논리'의 허구성이다. 즉 한국은 미국의 동맹 국가이고 주한 미군이 우리의 안보를 지켜주기 때문에 파병해야 한다는 논리인데 이것도 잘못된 판단이다. 미국이 자국의 이익과는 전혀 상관없이 한국에 미군을 주둔시키는 것도 아니고 더구나 한·미 상호방위 조약의 규정에 따르더라도 우리가 굳이 파병할 이유가 없다.

체약국 쌍방의 지원 의무 발생 사유(casus foederis)를 명기한 이 조약 제2조는 '상대 국가가 외부로부터 무력 공격의 위협을 받을 때'로 한정하고 있다. 미국이 이라크의 무력 공격을 받는 상황이 아니라는 것은 삼척동자(三尺童子)라도 알 수 있는 일이다.

셋째, '용어 혼란'의 허구성이다. 파병론자들은 언필칭 전투병, 전투병과, 전투부대 등의 용어가 실제 상황에서는 구별의 실익이 없기 때문에 비전투 지원부대만 파견하는 것은 의미가 없다고 주장하기도 한다. 일반 국민은 군 내부에서 용어를 어떻게 정리하고 사용하는지 알 수도 없고 알 필요도 없다.

문제의 핵심은 하나라도 귀중한 우리 군인의 희생을 막아야 한다는 데 있다. 따라서 보다 안전한 지역에서 이라크의 전후 복구 지원에 참여하는 방안도 있다는 것이다.

넷째, '단순 논리'의 허구성이다. 요컨대, 이라크 파병을 반대하면 친북(親北)이요 반미(反美)라는 발상은 잘못됐다는 것이다. 이러한 단선적 사고로는 국가 발전이 있을 수 없다. 우리는 왜, 파병을 반대하는 것이 반북이고 친미일 수 있다는 또 다른 엄연한 사실은 등한시하는가.

북핵 위기 상황이 아직도 가시지 않은 한반도에서 중동에 대규모 전투 병력을 파견하는 것은 그야말로 '친북'적인 행동이 아닌가. 미국의 국가 이익만 해도 그렇다. 목전의 국가 이익만 국익이 아니다. 장기적인 안목에서 볼 때, 즉 국제사회의 평화와 안정을 위해 한국이 전투병을 보내지 않음으로써 우리의 맹방인 미국의 잘못된 확신을 바로잡아 주는 것도 파병 못지않게 미국을 도와주는 것이다.

북대서양조약기구(NATO·나토)의 미국 동맹국인 프랑스와 독일도 이라크 파병 움직임이 없다. 게다가, 미국의 이웃이자 같은 나토 동맹국인 캐나다와 북미자유무역협정(NAFTA) 회원국으로 사활적인 대미 경제 의존도를 보이고 있는 멕시코도 이라크에 파병을 한다는 움직임이 없다는 사실은 같은 맥락에서 이해된다.

한국의 국익과 미국의 국익을 위해 파병이 바람직하지 않다면 어떠한 대안이 있을 수 있을까. 현실적으로는 인도주의적인 입장에서 현행 국제협력 봉사요원 제도를 활용하는 방안을 들 수 있다. 국제협력 요원은 병역법에 따라 현역병 입영 대상자나 보충역 피처분자를 대상으로 선발하여 소정 기간 해외 봉사단 파견 근무를 마치면 군복무를 필한 것으로 간주하는 제도이다.

이제까지는 소규모로 운영해 왔으나 규모를 늘리고 대우를 현역군 파병에 준해서 상당한 액수를 지급한다면 청소년 실업 해소에도 일조할 수 있음은 물론 민간 차원의 구호 사업이기 때문에 대의명분도 서는 일이 아닐 수 없다.

〈문화일보, 2003. 10. 30.〉

이라크 파병 5가지 잣대

미국이 우리 정부에 이라크 전투병 파병을 요청한 구체적 내용이 공개됨에 따라 국내 언론에서는 지난 3월 이래 다시 한 번 찬반 논란이 가열되고 있다.

지난봄의 이라크 비전투 요원(공병·의료부대) 파병 결정은 인도주의적 견지에서, 또한 새로 출범한 노무현정부의 대미 관계 조율의 차원에서 나름대로 명분찾기가 용이했다. 그러나 이번의 전투병 파병 문제는 인명 살상의 위험과 적지 않은 경제적 부담까지 감안해야 하기 때문에 정부로서도 해법 마련에 부심하고 있는 모양이다.

찬반양론의 어디에 서든지 궁극적인 우리의 국익을 위해서 다음과 같은 다섯 가지 기준 잣대 내지는 고려 요소를 진지하게 검토할 필요가 있다.

첫째, 미국의 국내 정치 상황이다. 왜 하필 미국이 그동안 고집해 오던 일방주의 외교를 접고 유엔과 다수의 우방들에 전투병 파병을 요청했겠는가 하는 것이다. 이는 무엇보다 부시행정부가 이라크 전후 복구 사업과 관련, 테러와 같은 예기치 않은 복병을 만나 현지 주둔군 사상자가 늘어나고 전비(戰費)까지 눈덩이처럼 불어나면서 조지 W 부시 대통령에 대한 국내 지지도가 떨어진 것과 무관하지 않다. 다시 말하면 내년 11월 대선의 재선 가도에 적신호가 들어왔다는 것이다.

여기서는 두 가지 부정적 상황을 상정할 수 있다. 먼저, 부시가 낙

선할 경우 공화당 노선에 비판적인 민주당 정부가 종국적으로 철군할 가능성이 있다는 것이다. 아니면, 재선된다고 해도 천문학적으로 불어나는 전비로 인해 미국민의 여론이 비등하여 의회에서 1973년에 가결한 전쟁수권법안(War Power Act)을 발동, 강제 철군시킬 개연성도 상존한다.

둘째, 이라크 현지 치안 상황 등 국내 정정이다. 지난달 바그다드 요르단 대사관과 유엔 사무소 폭탄테러 사건에서 보듯이 이라크의 치안 상태는 아직 불투명하다. 여기에는 기본적으로 이슬람의 반미 감정에다 시아파와 수니파의 종파 간 반목까지 더해 상황을 복잡하게 만들고 있다. 따라서 이라크 사태는 친후세인파 잔존 세력의 유무와 직접적인 관련이 없는 것으로 보이며, 결국 치안 불안 상태는 상당 기간 지속될 조짐이다.

셋째, 유엔 등 국제사회의 동향이다. 이웃 일본은 외교에 관한 한 미국에 '일방적 추종주의'라는 비판을 받아 왔으나 이번 이라크 전투병 파병과 관련해서는 의외의 신중성을 보이고 있다. 즉 일본은 지난 7월 중의원에서 이라크지원특별조치법을 통과시킨 후에도 무려 11차례나 현지 치안 상황을 파악하기 위한 조사단을 파견하면서 결정을 지연시키고 있다. 정기총회를 앞두고 있는 유엔에서도 미국의 파병동의안은 이라크전후 처리 문제를 둘러싼 주도권 다툼으로 전망이 밝지만은 않다.

넷째, 한·미관계 등 한반도 안보 변수에 관한 것이다. 한국은 최근 한미동맹 관계에 있어서조차 미국의 '일방주의'에 난감해하고 있는 상황이다. 즉 주한 미 2사단 한수 이남 재배치, 용산기지 이전 등이 미묘한 시기에 우리 정부의 의사와는 상관없이 미국 국방부의 일정표에 따라 추진되고 있다.

북핵 위기 상황이 해소되지 않은 상태에서 분단국 한국이 이라크에 전투병까지 파병하면서 미국의 일방주의에 추종해야 하는지 심사숙고(深思熟考)할 필요가 있다. 일각에서는 우리가 파병하지 않을 경우 미 2사단 병력이 차출될 것이라는 우려를 표명하지만 이는 기우(杞憂)에 지나지 않는다. 미국은 한국의 전투병 파병과 상관없이 자체 판단으로 필요하다면 언제든지 이 병력을 차출할 것이기 때문이다.

끝으로, 월남전 파병의 역사적 교훈을 상기할 필요가 있다. 1964년 한국군 파병 당시에도 처음에는 의료·공병부대 등 비전투 요원 파견으로 시작했다가 나중에는 3개 전투사단과 지원 병력 등 5만여 명을 투입했다. 결과는 5000여 명의 전사자와 1만 6000여 명의 부상자, 여기에다 고엽제 환자 5만여 명 발생이라는 비싼 대가를 치러야 했다. 어쨌든, 미국은 전쟁의 장기화로 인해 자국 내 반전 여론이 비등하면서 5000억 달러(약 600조 원)의 전비와 미군 전사자 5만 8000여 명(부상자 75만여 명)의 희생도 헛되게 월남의 '공산화'를 막지 못했던 것이다.

정부는 이 다섯 가지를 철저히 검증, 이라크 파병 문제에 능동적으로 대처해 주기 바라는 마음이 간절하다. 다시 말해 여론의 향배에만 민감하여 정부 스스로가 수행해야 할 냉철한 사실 판단과 가치 판단을 소홀히 해서는 안 될 것이다.

〈문화일보, 2003. 9. 20.〉

한미연합사 해체의 필연성

미국 국방부가 주한 미군사령부와 한미연합사령부 해체를 포함한 대대적인 주한 미군 조직 재편을 추진 중이라는 최근 워싱턴발 외신 보도로 연초부터 한·미 군사관계의 또 다른 변화 조짐이 아닌가 하는 의구심이 일고 있다. 한·미 국방 당국이 즉각 '사실 무근'이라고 부인하긴 했지만 그동안 우리 정부가 반대 또는 유보해 왔던 미 2사단 재배치 문제와 용산미군기지 이전 문제가 미국의 의도대로 결말 짓게 된 최근의 경험에 비추어 자못 그 귀추가 주목된다.

한미연합사(CFC)는 1978년 미국 카터행정부의 주한 미군 철수정책과 박정희 대통령의 독자 핵무기 개발계획 무산 등에 따른 한·미 간 타협의 산물이다. 그러나 1980년대 정치 격동기에 있어 한국 안보의 지주 역할을 해 온 것 또한 사실이다.

1990년대 문민정부가 들어서면서 주권국가의 핵심인 군사작전권을 외국군이 갖는 데 대한 비판이 비등하면서 우선 평시 작전권이 1994년 말 한국군에 이양됐다. 하지만 전시 작전통제권은 아직까지 미군 한미연합사령관이 갖고 있다.

한국의 입장에서 연합사 해체 논의는 적어도 두 가지 측면, 즉 사실적 측면과 당위적 측면에서 진지하게 검토해 볼 필요가 있다. 먼저, 사실적 측면에서 볼 때 한미연합사 해체 구상이 발단된 것은 이미 오래전의 일이라는 것이다. 즉 1990년대 초부터 이미 제기돼 왔던 현안인 '동북아사령부' 설치 구상이 그것이다. 당시 체니 국방장관(현 부통령), 존 쿠시먼 전 주한 미1군단장 등 미국의 일부 전략가들이 주한 미 전략공군 및 일부 병참부대를 제외한 미 지상군의 전면 철수와 함께 일본에 '동북아사령부'를 설치할 것을 주장했었다.

이는 다시 민주당 클린턴행정부 때인 1995년 게리 럭 주한 미군사령관이 미국 의회 산하 '군 임무와 역할위원회'에 태평양사령부에서 일부를 분리하여 동북아군 사령부를 신설하자는 건의를 함으로써 세간에 알려지게 됐다. 신설의 취지는 동북아 지역의 중요성에도 불구하고 베링해에서 아프리카 동부 해역까지 지구의 3분의 2에 해당하는 면적에 60개국 이상을 담당하고 있는 태평양사령부로서는 충분한 주의를 기울일 수 없다는 것이었다.

그 후 1998년 초 주한 미8군사령부와 한미연합사의 '지상구성군사령부(GCC)'를 확대 개편할 때에도 장차 한미연합사가 해체될 경우에 대비해 이 지역 안정의 핵심 역할을 수행할 동북아사령부의 창설에 대비한 포석이라는 분석이 있었다. 따라서 한미연합사나 주한미군사령부의 재편은 탈냉전의 새 시대를 맞아 글로벌한 차원에서 미국의 태평양사령부 개편의 필요성과 맞물려 있는 사안이기 때문에 즉흥적인 것으로 치부해서는 안 된다는 것이다.

다음으로, 당위적인 측면에서 보더라도 한미연합사 해체는 미국보다는 우리가 먼저 제기해야 할 사안이라는 것이다. 우리는 주권국가로서 부끄러운 역사를 갖고 있다. 즉 1948년 정부수립 이후 한국의 국가원수가 우리 군의 작전지휘권을 가졌던 기간은 불과 1년 10개월 남짓 기간밖에 안 되고, 6·25전쟁으로 인해 반세기가 넘도록 유엔과 미국(1978년 이후)에 주권의 핵심 부분을 맡겨 온 것이다.

오늘날 지구상에 200여 개의 독립국가가 있으나 외국군에 자국 군대 지휘권을 이양해 놓고 있는 나라는 한 나라도 없다. 엄밀히 말하면 대한민국은 주권국가라고 말할 수 없는 것이다. 이는 세계 12위의 경제대국이자 선진국 클럽이라고 할 수 있는 경제협력개발기구(OECD) 가입국으로서 나라의 체면이 말이 아니다. 오죽하면 이 나라 군의 최고통수권자인 대통령이 "전쟁이 일어나도 나는 한국 군대 지휘권도 없다"고 했겠는가.

물론, 한미연합사 해체나 전시 작전통제권 환수에 따른 문제가 없을 수 없겠으나 정부 수립 후 50년이 지난 지금 그 어떤 이유와 명분으로도 용납될 수 없는 일이다. 따라서 미국 측이 먼저 제기하기 전에 우리가 선 제의하여 조속한 시일 내에 주권국가의 체통을 지켜야 할 것이다.

지난해 미 2사단 재배치 및 판문점 공동경비구역(JSA) 임무 한국군 이양 문제가 제기됐을 때 '인계철선(tripwire)'이 무너져 금방 전쟁이라도 날 듯 전전긍긍하다가 결국 35차 한·미 연례안보협의회(SCM)에서 기정사실화하자 갑자기 '사후합리화'에 급급하는 인상을 주는 그런 수동적 대응이 아닌, 우리 정부의 보다 창의적이고 적극적인 대응이 아쉽다.

〈문화일보, 2004. 2. 9.〉

주한미군 감축과 대응책

　주한 미군의 여단 병력 이라크 차출 소식을 접한 국내 언론과 정치권은 온통 충격에 휩싸여 있는 느낌이다. 4000명에 이르는 주한 미군의 사실상 감축이다. '안보 공백'이 우려된다는 등 많은 지면과 시간을 할애해서 그것이 미칠 파장과 대책에 관해 집중 보도하고 있다.

　이런 때일수록 여러 측면에서 우리의 안보외교에 대한 반성과 함께 미래 지향적인 대응책을 모색할 필요가 있다. 먼저, 정치·군사적 측면이다. 주한 미군의 이라크 차출에 의한 '사실상의 감군'은 해외 주둔 미군의 재편·재배치 계획에 따라 오래전부터 예견돼 온 사안 이라는 것이다. 멀게는 1990년대 초 걸프전을 계기로 일기 시작한 미국의 군사혁신(RMA) 논의에서부터 가까이는 부시행정부 출범 후 공표한 '4년주기 국방검토 보고서'(QDR·2001년 9월)에 이미 언급 돼 왔다.

　군의 경량화·기동화·첨단화를 통한 미군 재편 문제는 그 후 2003년 6월 18일 미국 하원 군사위 청문회에서 울포위츠 국방부 부 장관의 '세계국방태세(GDP, Global Defense Posture)' 관련 보고를 통해서도 기정 사실화됐다. 같은 해 11월 25일에는 조지 W 부시 대 통령이 기자회견을 통해 "동맹국들과 미군 재배치 문제를 협의하겠 다"고 밝힌 바 있다.

이른바 '럼즈펠드계획'은 탈냉전 체제의 현 시대에 과거 양극 체제 때의 봉쇄정책 같은 군사전략은 시대착오적 발상이라는 메시지를 담고 있다. 럼즈펠드 국방장관 자신도 지난 2월 나토(NATO·북대서양조약기구) 국방장관회의 참석 시 한국과 독일이 미군 구조 개편에 가장 큰 영향을 받을 것이라고 말한 바 있다.

다음으로 법·제도적 측면의 문제다. 우선, 이번 미국 정부의 주한 미군 차출 결정이 백악관의 일방적 통보로 이뤄진 데 대해 의아해하는 시각이 적지 않은데, 이는 현재의 한·미 군사관계가 그렇게 규정돼 있기 때문이다. 한미상호방위조약(1953년)은 단순히 미군이 주둔하는 권리(駐兵權)만 규정(제4조)하고 있다. 이웃 나라 일본의 미·일 안보조약(1960년)은 이 경우 미군의 역할과 지위, 일본 내 시설 사용 등은 별도의 합의에 따른다(동 조약 제6조)고 명시, 사전 협의를 제도화하고 있다.

따라서 이를 시정하고 우리 측 '안보 공백'의 우려를 불식시키는 최선의 방법은 유사시 미국의 '즉각적인 군사 지원'을 약속받는 나토형 동맹이나 조·중 동맹조약(1961년) 방식으로 한미상호방위조약을 개정하는 것이다. 현행 한미상호방위조약은 체약국이 적으로부터 공격받을 때 '각자의 헌법적 절차에 따라' 지원한다(제3조)고 막연하게 돼 있다. 요컨대, 새로운 해외 주둔 미군의 재배치 계획에 따라 일본에 동아시아사령부 등의 중추기지(Hub)가 들어선다면 최악의 경우, 한국에서 일부 해·공군을 제외한 지상군의 전면 철수도 상정할 수 있기 때문에 이에 대비해야 할 것이다.

끝으로, 비용·경제적 측면이다. 우선, 한국군의 이라크 파병에 따른 연간 2000억 원 안팎의 경비를 이런 상황에서 우리가 전액 부담해야 하는가 하는 문제다. 이는 미국 측과 협의해서 비용의 일부를 미국이 부담하거나 한국의 안보 불안 상황을 이유로 한국군 파병 인원을 줄이는 방안도 강구해 볼 필요가 있다.

그리고 미 2사단과 용산기지 이전과 관련한 비용 문제다. 이는 전적으로 우리 측의 요청과 필요에 의해서만 이전하는 것이 아니라 미국 정부의 전반적인 해외 미군기지 재편 계획에 따라 주한 미군의 기능과 역할이 바뀌면서 시행되는 것이다. 따라서 국제법상 사정변경의 원칙(rebus sic stantibus)을 원용, 미국 정부가 상당 부분 이전 비용을 부담하도록 재협상을 이끌어내야 한다.

〈문화일보, 2004. 5. 19.〉

국방문민화 차근차근히

시중 우스갯말에 "붕어빵에는 붕어가 없다"는 말이 있다. 우리 인간이 편견의 동물이기 때문에 생기는 우화다. 관념상 당연히 있어야 할 것이 없다는 의미이기도 하다. "미국 국방부, 펜타곤에는 군인이 없다"는 말이 대조가 되는 것은 정부 수립 이후 우리나라 국방부 요직의 압도적 다수가 현역 군인이었다는 사실과 무관하지 않다.

건국 이래 군의 문민통제 전통이 확립된 미국의 경우, 국방부의 국장급 이상 간부에는 현역 군인이 단 한 명도 보직돼 있지 않다. 국방장관도 대통령이 상원의 동의를 얻어 민간인(현역은 전역한 지 10년이 경과한 사람)으로 임명토록 돼 있다(국가안전보장법 제202조). 이웃 일본이나 캐나다의 경우도 사정은 비슷하다.

국방부는 기본적으로 정책 부서로서 전문성 있는 '군정' 집행기구로서의 역할을 충실히 하면 되기 때문에 이들 나라에선 현역 군인의 역할이 그다지 필요하지 않다는 것이다. 대신 '군령' 집행은 각 군의 작전부대가 담당하는 역할 분담 체제를 이루고 있다. 이는 의사가 보건정책을, 경찰이 범죄예방정책을 결정하는 우를 범하지 말자는 취지이기도 하다.

우리나라도 제도적으로는 합동군제를 채택한 8·18계획(1990년)에 따라 군정·군령을 통할하는 국방장관 휘하에서 각 군 총장과 합참의장으로 군정, 군령 기능을 분리해 놓고 있다. 그 때문에 국방부 본부에 현역이 많을 필요가 없다는 것이다.

때마침 국방부가 2006년까지 실·국장급 이상 주요 간부를 예비역 장성과 민간 전문가 등으로 교체하는 계획을 대변인을 통해 발표했다. 윤광웅 신임 국방장관이 취임 일성으로 언급한 '국방부 문민화' 추진이 한 달여 만에 본격적으로 가시화되는 느낌이다.

1980년대 말 노태우정부 이래 군 개혁과 구조 개선 논의의 최대 화두가 '육·해·공군 균형발전'과 '문민통제의 확립'이라는 것은 널리 알려진 사실이다. 특히, 문민통제는 김영삼 대통령이 취임 초기에 '하나회' 출신 주요 보직자들의 물갈이 인사를 전격적으로 단행하는 등 군 인사 개혁을 시행하기도 했다. 그러나 국방부의 문민화 작업은 그 후 몇 차례의 개편 작업에도 불구하고 별다른 성과가 없었던 영역이다.

51년 만의 해군 출신 장관으로 또 그 자신이 군 구조개선사업(일명 8·18계획)에 참여한 국방조직 전문가로서 그 분야에 대한 나름의 식견을 가진 윤 장관에 거는 기대는 그만큼 크다고 할 수 있다.

그러나 국방부 문민화 추진과 관련해서는 다음과 같은 몇 가지 정지작업이 선행돼야 소기의 목적을 달성할 수 있을 것이다.

우선, 군이라는 특수집단의 사기에도 영향을 줄 수 있는 사안이므로 사전에 치밀한 순환보직 계획을 세워 원대 복귀하는 현역 보직자들의 충격을 최대한 흡수한 순리적인 인사가 이뤄져야 할 것이다.

또, 중·장기적으로 국방 문민화의 요체는 서방 선진국의 경우처럼 민간인 출신 국방장관이 나와야 한다. 우리의 경우, 과거 장면정권 시절에 9개월여 동안 민간인 장관이 재임한 것을 제외하곤 직업 군인 출신이 국방장관을 독점해 왔다.

그리고 국방부 안팎에 민간 국방전문가를 다수 양성하여 가급적인재의 풀을 넓혀야 한다. 예컨대, 미국의 경우 해마다 정부가 막대한 예산을 들여 국방 연구 용역을 민간학자들에게 위탁함으로써 국방·안보 전문가 집단의 저변을 확대해 놓고 필요시 정부가 수시로 등용하는 체제를 갖추고 있다.

끝으로, 정부 내의 각 부처 간 교류를 보다 활성화시켜 그동안 국방부가 고시 출신 민간 요원의 기피 대상 부서라는 이미지를 불식시킬 필요가 있다. 과거 행정고시 출신자들이 국방부 배속을 꺼려했을 뿐 아니라 혹 배치돼 오더라도 기회만 있으면 다른 부서로 전출하려는 경향을 보인 사실이 그 필요성을 뒷받침한다.

〈문화일보, 2004. 9. 1.〉

軍 괴문서 거의 사실무근이라면……

육군 장성진급 비리의혹으로 참모총장이 사표를 제출하고 대통령이 이를 반려하는 사상 초유의 일이 벌어져 세간의 관심이 집중되고 있다. 육군본부 인사참모부에 대한 압수수색을 촉발시킨 장성진급 관련 괴문서는 대부분 사실무근인 것으로 드러나고 있으나 결과에 관계없이 군 지도부의 사기를 떨어뜨리는 데 한몫한 것은 틀림없다.

현 정부 출범 뒤인 2003년 4월 취임 이후, 인사철마다 끊이지 않던 잡음을 없애기 위해 인사의 투명성과 공정성을 최우선 과제로 삼아 제도 개선 노력을 보여 온 남재준 육군참모총장으로서는 너무도 어이없는 상황을 당하여 선택의 여지가 없었을 것으로 보인다. 공사 간에 인사 문제는 항상 만족하는 사람보다는 불만족의 부류가 많기 때문에 사후 처리가 더 어려운 측면이 있는 게 사실이다.

일각에서는 참여정부의 여타 군 개혁을 둘러싸고 육군 수뇌부에 대한 권력 핵심부의 '불신임'이 표출된 것이 아닌가 하는 의구심을 불러일으키기도 했으나 청와대의 사표 반려로 일단 군 통수권자인 대통령의 육군 지휘부에 대한 신뢰에는 변함이 없음이 나타난 것은 다행스러운 일이다.

이 같은 군 장성인사와 관련된 해프닝을 통해 몇 가지 감회가 떠오른다. 우선, 우리 사회에 온정주의적인 요소가 아직도 '인사 문제'에 있어 남아 있는 건 아닌가 하는 안타까움이다. 그 까닭은 현재 사실 여부가 완전히 밝혀지지는 않았으나 문제의 '괴문서'가 적시한 10개 유형의 부조리라는 것이 대부분 인사행정에 있어 정실(patronage)에 관한 것이라 할 수 있기 때문이다.

정실이나 엽관주의(spoils system)의 폐단은 남북전쟁 이전 미국에서 횡행하던 관행으로, 그 대안이 오늘날의 능력주의(meritocracy)였던 것이다. 우리 군은 1950~60년대 미군을 통해 선진 행정 기법을 도입하고 인사행정에 있어서도 그들의 능력주의 방식을 택해 완벽에 가까운 승진 제도를 갖추고 있었다고 해도 과언이 아니다. 박정희 군사정부 시절 그가 우리나라 근대화의 초석을 놓았다는 것도 결국은 그와 같은 효율적인 행정 조직을 정부와 민간에 도입케 함으로써 가능했다고 보인다.

인사행정을 포함, 앞서 가던 행정 기법을 전수해 온 우리 군이 아직도 '정실주의'의 망령에 시달려야 한다는 현실이 안쓰럽다. 군 검찰이 진위를 가리고 있다니, 이참에 괴문서 유포자 색출은 물론 다시는 이 같은 일이 일어나지 않도록 만반의 조치가 마련되기 바란다.

다음으로, 장군의 예우에 관한 것이다. 대령에서 장군에 진급하면 '하늘의 별'을 딴 것처럼 하루아침에 30~40가지의 처우가 달라진다는 말이 있다. 살아서는 그에 상응하는 명예를 얻게 되고 사후에는 국립묘지의 장군묘역에 안장되는 예우를 받는 만큼 장성진급 인사는 그야말로 사생결단의 장이 되고 있는 것이다. 따라서 괴문서 사건은 과열된 인사 경쟁의 부산물이 아닐 수 없다. 현재 장군 진급이 되더라도 보수에서는 큰 차이가 없다는데, 기타 예우도 시대에 걸맞게 불요불급한 것은 과감히 줄여 나갈 필요가 있다.

끝으로, 오늘날 우리 사회에 미만해 있는 '이념적' 시각이 하루 빨리 불식돼야 한다는 것이다. '코드인사'니 '개혁'이니 '보수'니 해서 사회 현상이 양분화하고 군은 '보수의 상수(常數)'인 것처럼 치부되는 것도 문제이다. 행여 '주적(主敵)' 표현 문제 등 군 개혁과 관련, 이 같은 갈등이 빚어진 건 아닌지 한 번 생각해 볼 일이다. 21세기 무한경쟁의 시대를 사는 우리 국민이 개혁 마인드 없이 국력을 결집시킬 수 없는 것은 명약관화하므로 이번 일을 계기로 소모적인 논쟁이나 사고를 아울러 지양해야 할 필요가 있다.

〈문화일보, 2004. 11. 26.〉

공군기 추락사고와 국방개혁의 과제

화부단행(禍不單行)이라 했던가? 궂은일은 연이어서 온다고, 13일 공군 전투기가 연쇄 추락하여 얼마 전에 있은 전방 소초 총기난사 사건으로 뒤숭숭한 민심이 채 가라앉기도 전에 다시 한 번 충격을 더해 주고 있다.

육군의 총기난사 사건에 이어 해군의 제초제 보리차 사건으로 한동안 떠들썩하더니 급기야는 공군기 추락사고라는 악재로 국방부가 곤혹스러운 입장에 처해 있는 형국이다. 안타까운 일은, 이런 일련의 사건·사고들이 국방부가 군 구조개편 등 국방개혁의 장기 비전을 한창 마련하고 있는 와중에 발생했다는 것이다.

70여 만 명에 달하는 한국군에 '가지 많은 나무 바람 잘날 없다'는 말처럼 사건·사고가 끊이지 않는 것이 어쩌면 당연한 일일 수도 있다. 그러나 이번 공군 전투기 연쇄 추락사고는 '고의성'이 있는 의도된 사건이 아니라 말 그대로 '사고'라는 데서 군방개혁사업과 관련, 그 나름의 시사점을 던져준다.

일반적으로 항공기 사고의 원인은, 항공기 자체의 결함으로 인한 기계적인 요인과 조종사 및 정비사 등의 실수로 인한 인위적인 요인, 그리고 기상 및 조류 충돌 등으로 인한 환경적 요인으로 대별할 수 있다. 이번 공군기 연쇄 추락사고의 원인도 위의 세 가지 범주 가운데 하나일 것이다. 공군 관계자에 따르면, 사고기 조종사들이 편

대장급 내지는 교관으로서 비행 기량이 우수한 베테랑 조종사였고,
사고 당시의 서·남해상의 기상도 양호한 편이었던 만큼 조종 미
숙이나 기상 조건이 원인은 아니었을 것이라는 데 더 비중을 두고
있다.

사실, 한국 공군의 조종사들과 정비사들의 실력은 가히 세계적 수
준이라 할 수 있다. 예컨대, 기종은 다르지만 F-16의 경우 최근 10
년간 비행 10만 시간당 사고율을 비교하면 세계에서 가장 우수하다
는 미국 공군도 4.38건인 데 비해 한국 공군은 2.26건으로 거의 절반
수준으로 알려져 있다.

공군의 주장대로 사고 당시의 기상이 악천후가 아니었다면 이번
사고는 노후한 항공기의 기체 결함에서 비롯됐을 가설을 배제할 수
없다. 명확한 사고원인의 규명은 공군 사고조사위원회의 현장 정밀
조사가 마무리돼야 하므로 상당한 시일이 걸릴 것이다.

하지만 현재로서는 공군의 발표가 시사하는 대로 노후 항공기의
기체 결함일 가능성이 짙다고 보는 것이다. 문제는, 우리 공군의 주
력 기종인 F-5F(제공호)나 F-4E(팬텀)가 모두 23년에서 35년까
지 된 노후 기종인데도 2008년 차세대전투기(FX) 사업이 완료될 때
까지도 완전 폐기가 어려운 상황이라는 데 있다.

지난 1980년대 말 이래 우리 군의 최대 화두가 군 구조개선을 통
한 '3군의 균형발전'과 '첨단 기술군 지향'이었으나 현실은 아직도 갈
길이 멀다는 느낌이다. '협력적 자주국방'의 기치 아래 정부가 내년
도 국방 예산을 23조 원으로 늘려 잡았다지만 현재와 같이 경직성
경비인 경상비와 운영유지비가 차지하는 몫이 전체의 65%라면 전력
투자비는 그만큼 제한되기 때문에 실질 증가액이 미미할 것이다.

따라서 진정한 군 구조개혁을 통해 경상비를 적절히 조절하지 않

으면 기술군 육성이나 전력 증강은 공염불에 그치게 되며, 공군의 경우와 같이 외국에서는 이미 오래전에 퇴역시킨 노후 기종의 전투기를 조종하다 사고를 당하는 불상사가 재발할 수 있다는 것이다.

결론적으로, 13개월 만에 다시 개최되는 6자회담을 통해 북핵 문제가 해결의 실마리를 찾아 가는 이때, 국가의 간성인 우리 군은 그 어느 때보다 더 단합된 모습으로 '불운'을 극복하고 완벽한 전투대비태세를 갖춰야 한다. 그럼으로써 군과 국방 역량에 대한 국민의 신뢰를 회복시켜 주기 바라는 마음 간절하다.

〈문화일보, 2005. 7. 15.〉

北 미사일 도발의 배경과 해법

북한의 미사일 위기가 현실로 다가왔다. 북한은 지난 5일 새벽 여러 종류의 미사일 시험 발사를 강행함으로써 7년여의 모라토리엄(발사유예)을 사실상 폐기했다. 이로써 북핵 문제를 포함, 한반도의 비확산 위기는 완전히 새로운 국면을 맞게 됐다. 북한의 미사일 발사 배경과 가능한 해법은 무엇일까. 우선 배경에 관해 몇 가지 추론이 가능하다.

첫째, '공격은 최선의 방어'라는 서양 속담이 시사하는 바대로 이번 사태는 북한판 공세의 결정판이라고 할 수 있다. 물론 북한 군부 강경파의 정세 오판에 따른 것으로 보이나 최근 미국으로부터 위폐·마약·인권 논란에 금융제재 등으로 옥죄어오는 형국으로부터 북한 체제가 벗어나 보려는 안간힘의 한 단면이다. 여기에다 교착상태에 빠져 있는 베이징 북핵 6자회담에 돌파구를 만들어 북·미 직접 협상의 계기를 잡으려는 속셈 또한 깔려 있다.

둘째, 온건·협상파와의 싸움에서 군부 강경파가 득세, 주도권을 장악한 결과다. 한국을 포함한 미·일·중·러 주변국의 강력한 경고에 북한의 유엔 차석대사 한성렬이 6월 20일 협상의 운을 떼고 조총련 기관지에서도 타협적인 뉘앙스를 보인 가운데 나온 돌발적 상황에서 능히 유추할 수 있다. 널리 알려진 바대로 북한 군부는 2005년 보수·강경 성향의 부시행정부 2기 출범과 때 맞춰 국정의 실세로 부각되고 있다. 6자회담, 남북장관급회담에서의 직·간접적 영향력 행사는 물론이고 최근 '분 단위의' 완벽한 행사계획까지 마련했던 것으로 알려진 남북한 간의 열차 시험운행 합의를 행사 직전에 북한이 일방적으로 번복한 것도 북한 군부의 작용이었다는 것은 잘 알려져 있다.

셋째, 왜 여러 기의 중·장거리 미사일을 동시에 발사했는가. 여기에는 북한이 그동안 줄기차게 주장해 온 이른바 '미사일 자주권'을 강조하기 위한 의도가 숨어 있다. 핵확산금지조약(NPT)과는 달리 미사일은 범세계적인 조약법규가 없기 때문에 미사일 시험은 주권국가의 고유한 권리라는 점을 강조하고 대포동미사일 시험도 그 가운데 하나임을 은연중 강조함으로써 그 파장을 희석시키려 한 것 같다. 미국의 우주왕복선 디스커버리호가 발사된 날 미사일시험을 집중적으로 한 것도 미사일 자주권을 우회적으로 시위한 것이라고 볼 수 있다.

그러면 북한의 미사일 도발에 어떻게 대응해야 하는가. 한·미·일의 선택지는 세 가지다. 경제 제재, 군사적 대응, 외교적 해결책을 말한다. 먼저, 경제 제재는 이미 부분적으로 실시하고 있지만 북한의 고립경제와 중국의 지원 등으로 제한적인 효과 외에는 기대하기 어렵다. '국제사회에서의 경제 제재'는 과거 남아프리카공화국의 사례에서 보듯이 효과가 미미하고 오히려 죄 없는 주민의 희생만 강요하게 된다. 윌리엄 페리 전 미 국방장관이 주장하는 것처럼 국지적 공격(surgical strike) 등의 군사적 대응은 한반도 여건상 현실적 대안이 될 수 없다. 결국 우리에게 남은 선택지는 외교적 대응 내지는 해결책이다.

외교적 대응은 다시 국제 규범적 측면과 외교협상의 두 가지로 나

눌 수 있다(통합도 가능). 하나는 북한을 미사일 기술국으로 대우하여 미사일기술통제체제(MTCR)에 편입시키고 나아가 유럽연합(EU)이 주축이 돼 만든 범세계적인 미사일비확산 규범인 헤이그행동규약(HCOC · 2006년 현재 112개 회원국)에 가입시켜 국제사회의 책임 있는 일원으로 행동하게 함으로써 이른바 '수요 측면의 접근(demand -side approach)'을 시도하는 것이다.

다른 하나는 1996년 4월 베를린에서의 1차 미사일협상 이래 뉴욕과 평양, 콸라룸푸르를 오가며 2000년 11월까지 6차례나 회담을 열었으나 별 진전이 없는 북 · 미 미사일회담을 다자회담으로 복원시키는 일이다. 즉 한국이 중재역을 자임. 직접적인 이해 당사국인 남북한과 미 · 일 4국 간의 미사일회담 개최를 돌파구로 하여 그동안 교착상태에 있는 6자회담도 재개하면서 핵과 미사일을 2원 다자회담으로 추진하는 것도 한 방안이 될 수 있을 것이다.

〈문화일보, 2006. 7. 7.〉

核우산과 '확장억지' 논란 유감

제38차 한미 연례안보협의회의(SCM) 공동성명에 핵우산 보장과 관련, '확장억지(extended deterrence)'란 말이 처음 들어간 것을 놓고 국내외 언론에서 "한국의 핵우산 구체화 요구가 받아들여진 것"이라거나 "미국이 한국의 요구를 거절했다"는 등의 보도를 함으로써 불필요한 혼란이 야기되고 있다.

우선 일부 언론에서 핵전략 용어인 '억지'가 '억제'로 해석돼 '확장억제'로 번역된 것부터가 잘못이다. 우리말의 뜻으로도 '억제'는 "감정이나 욕망을 눌러서 그치게 한다"는 것이고 '억지'란 "사건이나 상황이 발생하는 것을 막는다"는 의미이기 때문에 전쟁을 예방하는 것이 목적인 핵전략에서는 '확장억지'라는 말이 적절한 표현이다. 확장억지는 학자에 따라서 '확대억지' 또는 멀리 떨어져 있는 핵우산 제공 국가의 입장에서 '원격억지'라고 표현하기도 한다. 이 밖에 제3국을 보호의 대상으로 한다는 의미에서 '제3자 억지(third-party deterrence)'라고도 한다.

확장억지의 기본적 논리구조는 ▲현상 변경을 시도하는 잠재적 공격국과 이에 대해 현상 유지를 원하는 방어국이 있다고 상정하며 ▲공격국은 피보호국(제3국)에 대한 공격을 통해 현상 변경을 시도하고 ▲방어국은 공격국에 대해 대량보복 또는 응징의 위협을 통해 공격행위를 억지한다는 것이다. 확장억지에 있어 위협의 신빙성은 대체로 피보호국에 대한 방어국의 공약에 대한 신빙성의 함수다.

확장억지는 다시 일반적 상황이냐 위기상황이냐에 따라 '일반적 확장억지(extended-general deterrence)'와 '긴급 확장억지(extended-immediate deterrence)'로 구별될 수 있다. 일반적 확장억지의 대표적인 예로는 북대서양조약기구(NATO) 동맹국이나 한국에 대한 미국의 방위공약을 들 수 있다. 유럽의 경우, 러시아가 핵무기로 서유럽을 공격할 경우 미국이 러시아에 대해 직접적인 핵보복을 한다는 '핵우산'도 포함된다.

긴급 확장억지는 일반 확장억지의 구체적 표현이라고 할 수 있다. 즉 1996년 3월 대만 총통선거를 앞두고 대만해협에서의 중국의 미사일 시험 발사 및 대규모 군사훈련을 실시함에 따라 미국이 핵항모단을 파견한 것은 중국의 대만 침공을 억지하려는 긴급 확장억지의 전형적 사례다.

일반적으로 확장억지가 성립되려면 방어국의 군사적인 보복위협이 잠재적 공격국을 향해서 만들어져야 하며, 또한 잠재적 공격국이 그러한 사실을 알고 있어야 한다. 구체적인 정치·군사적 보복위협으로는 다음과 같은 것들이 포함된다. 즉 ▲군사력을 사용하겠다는 의지의 표명 ▲공격국 또는 피보호국 국경이나 인근 해역에서의 군사·무력 시위 전개 ▲피보호국으로의 병력이동·전개, 동원준비 태세 확립 등이다.

핵우산이란 확장억지의 한 모습으로 지역적 국가집단이나 개별 동맹국의 안전을 보장하는 핵강대국이 자기 진영 내의 국가나 동맹국에 가하게 될지도 모르는 핵공격 등의 위협에서 핵보복의 의지와 능력을 상대 진영이나 잠재 적국에 인정시킴으로써 동맹국의 안전을 보장하려는 것을 말한다. 핵비확산 차원에서는 핵무기 보유를 원하는 국가에 대해 핵우산을 제공함으로써 군사적 불안감을 해소해 줄 수 있다. 이런 견지에서 기존의 핵국가들은 핵무기 보유를 원하는 다른 국가들에 대해 일종의 불신감을 갖고 있어 직접적인 핵무기 보유를 허용하지 않고 대안으로서 핵우산을 제공한다고 할 수 있다. 따라서 핵무기를 보유함으로써 갖게 되는 이익과 손실의 관점에서 핵우산은 해당 국가에 대해 이익의 최대화와 손실의 최소화라는 조건을 충족시킴으로써 그 신빙성을 높일 수 있다.

요컨대, 도널드 럼즈펠드 미국 국방장관이 SCM의 합동기자회견에서 밝혔듯이 '확장억지'란 말이 추가로 들어갔다고 해서 미국의 한국에 대한 핵우산 제공 공약이 본질적으로 달라진 것은 없다는 것이다. 즉 미국은 지난 1978년 제11차 SCM 이래 해마다 공동성명에 '핵우산 제공'을 공약해 왔다. 따라서 올해 '확장억지의 지속 보장'이란 말이 추가된 것은 통상의 핵우산이란 말을 군사용어로 부연 설명한 것일 뿐이다.

〈문화일보, 2006. 10. 24.〉

전작권 환수 의미를 다시 생각한다

한·미가 2012년 4월 17일자로 한미연합사(CFC)의 전시작전통제권을 한국군에 이양키로 합의한 지 20여 일이 됐다. 이로써 그간 논란이 돼 온 '주권국가' 시비가 사라졌다. 하지만 야당 등 우리 사회 일각에선 '안보공백'을 이유로 차기 정부가 환수시점을 재협상해야 한다는 주장을 꾸준히 제기하고 있다.

차제에 전작권 환수의 참 의미가 무엇인지, 어떤 과제가 남아 있는지 꼼꼼히 따져볼 필요가 있다.

전작권 환수는 한마디로 '비정상적'인 상태를 '정상적'인 상태로 되돌려 놓는다는 의미가 있다. 주권국가의 핵심인 군사작전권을 외국인 야전군사령관이 행사하는 비극적 현실은 어떠한 이유와 명분으로도 더 이상 지속할 수 없는 명제이기 때문이다. 미국은 해외주둔미군의 지위를 정하는 SOFA협정을 전세계 85개국과 맺고 있으나 한국처럼 주둔국의 야전군 총사령관까지 맡고 있는 경우는 없다.

이런 '비정상'이 초래된 배경에는 한미연합사(CFC)가 있다. 한미연합사는 1978년 카터 미 행정부의 주한미군 철수정책과 박정희 대통령의 독자 핵무기 개발계획 무산 등에 따른 한·미 간 타협의 산물이다. 그러나 1990년대 문민정부가 들어서면서 주권국가의 핵심인 군사 작전권을 외국군이 갖는 데 대한 비판이 비등하면서 1994년 말 평시작전권이 한국군에 우선 이양됐다. 하지만 전작권은 아직까지 한미연합사령관이 갖고 있다.

작전통제권을 '평시'와 '전시'로 나눈 것도 유례가 없다. 문민정부가 선거공약인 작통권 환수를 실행하는 과정에서 한국의 독자적인 전쟁수행 능력 미비를 이유로 내놓은 궁여지책이다. 당시 리스커시 한미연합사령관도 "전시와 평시를 분리하면 전쟁을 제대로 준비하기 어렵다."고 반대했으나 결국 정치적인 선택을 따랐다. 이는 이른바 6개 항의 연합권한위임사항(CODA)을 정해 평시에도 연합훈련, 정보관리, 작전계획작성 등의 주요 군사활동을 CFC사령관의 통제하에 둔 데서도 알 수 있다.

일부에서 제기하는 추가 미군감축 등 '안보공백' 논란은 군사동맹조약의 기능과 성격을 오해한 데서 비롯된다. 원래 군사동맹은 체약국 간에 유사시에 와서 돕는다는 것이지 평시에 군대를 타국에 주둔시켜 방어한다는 개념이 아니다. 또 미국은 우리와 달리 전쟁선포권이 의회에 있고 미군의 해외파병권도 의회가 가지고 있다. 따라서 미국의 대한 방위공약이나 미군 감축은 행정협정인 CFC의 설치·해체 교환각서에 의해 구애받는 것이 아니다.

미군 해외파병의 요체는 미국의 국가이익이다. 다행히도 동아시아에서 중국의 발흥으로 한국이 대북 관계에서 미국을 필요로 하는 것 이상으로 미국도 한국을 필요로 하게 됐다. 요컨대, 미국이 한국전 당시 30만 명의 병력을 파병하고 월남전에 50만 명 이상의 병력을 투입했던 것은 국제정치적인 요인이 컸던 것이지 동맹조약이나 파병 약속이 있었기 때문은 아니다.

연합사 해체와 전작권 환수에 따른 보완책은 무엇일까? 가장 현실적인 대응책은 유명무실화돼 있는 유엔군사령부(UNC)를 재정비, 강화하는 것이다. 한·미상호방위조약의 후속 조약인 합의의사록에 한국군을 유엔군사령부의 작전통제하에 둔다는 규정이 있고 상황에 따라 한·미 간에 협의의 여지를 남겨 놓고 있기 때문에 UNC를 나토형 통합군 편제를 참고, 전시 지휘체계를 일원화하는 방안을 강구해 볼 필요가 있다.

〈서울신문, 2007. 03. 16.〉

작통권 환수는 해외미군 재배치의 한 부분

전시 작전통제권 환수문제가 우리 외교안보의 최대 쟁점 현안으로 대두되고 있다. 지난달 주한 미군사령관의 발언에 이어 최근 미 국방부 관계자까지 나서 공개적으로 작통권 반환과 연합사해체를 기정사실화하는 움직임을 보이고 있다. 이에 따라 국내 안보전문가들 사이에서도 '된다' '안 된다' 등 찬반논란이 분분하다.

그러나 이런 공방은 지난 반세기 동안의 한·미 군사관계를 냉철히 되돌아 볼 때 부질없는 일이다. 특히 역사적 배경이나 추진 주체를 곰곰이 따져볼 때 더욱 그렇다.

첫째, '한국의 독자적인 작전권 보유와 미군의 지원 역할'설은 이미 1990년 미국의 동아시아전략구상(EASI)에서 밝혔듯이 주한미군의 역할을 '주도적'에서 '보조적'으로 바꾸는 것을 말한다. 이에 따라 1990년대 초 이른바 '한국방위의 한국화'계획의 일환으로 한·미 야전사(CFA)가 해체된 경험도 있다.

2008년까지 1만 2500명 철수 후 주한 미군의 추가 감축여부에 대해서도 낙관할 수 없는 것은 1948년 정부수립 이후 다섯 차례의 주한 미군 감축 및 철수가 모두 우리의 의지와는 상관없이 미국의 독자 결정에 따라 이뤄졌다는 사실에 기인한다. 이는 최근의 사례에서도 자명해진다. 즉 미 2사단 재배치 및 판문점 공동경비구역(JSA) 임무의 한국군 이 양도 우리가 원치 않았던 사안이다.

둘째, 내용적 측면에서 보더라도 1991년 걸프전 이후 시작된 미국의 군사혁신(RMA) 논의가 현 부시행정부 출범 후 '국방검토보고서'(QDR, 2001년 9월)에서 전략적 유연성으로 실체화되면서 2003년 11월 부시 대통령의 '해외주둔 미군 재배치검토'(GPR)계획 발표로 이어졌다.

그 요체는 해외주둔 미군의 재배치를 통해 병력규모를 줄이는 대신 군의 첨단화·기동화·경량화를 통해 군사력의 효율성을 높이자는 것이다. 이에 따라 주한 미군도 점진적으로 지상군의 역할을 축소하고 해·공군 위주의 실질적인 방위역량을 강화하겠다는 의지가 담겨 있다. 미국이 동북아지역의 항공작전을 총괄하는 공군전투사령부(AFNEA)를 한국에 두는 것도 이러한 군사변환 전략의 일환이다.

끝으로 한미연합사 해체설이 미 측에서 나오는 이유는 무엇인가? 이에 대한 답은 미·일 간에 지난 5월 타결된 주일미군 재배치 로드맵과 직접적인 관련이 있는 것으로 보인다. 그 핵심은 미 본토 육군 1군단사령부를 일본으로 이전, '동북아거점사령부'로 삼는다는 것이다.

미 태평양사령부에서 '동북아사령부'를 분리, 신설하는 내용의 군사력 운용 개편안은 이미 1990년대 초 현 체니 부통령이 국방장관 재임 중 처음 기획됐던 것으로 이후 민주당 클린턴정부에서도 의회 소위원회(1995년)가 건의한 바 있다. 현재 부시행정부의 국방·안보 분야 실질적인 정책 결정자인 체니 부통령이 이를 추진하지 않을 이유가 없다.

동북아사령부 신설의 취지는 중국의 발흥 등 이 지역의 중요성에도 불구하고 베링해에서 아프리카 동부 해역까지 지구의 3분의 2에 해당하는 면적에 60개국 이상을 담당하고 있는 태평양사령부로서는 충분한 주의를 기울일 수 없다는 것이다.

　한미연합사 해체나 작통권 반환은 이러한 해외주둔 미군 재배치 계획의 일환으로 받아들여야 할 것이다. 한반도에서 미 지상군을 점진적으로 감축해 반으로 줄이면서 4성장군이 지휘하는 독자적인 사령부를 유지한다는 것은 현실적이지 못할 뿐 아니라 '전략성 유연성'에 따라 지역 기동군화를 꾀하는 미국의 입장에서 한미연합사는 거추장스러운 '굴레'일 수 있기 때문이다. 미국이 2009년에 전시 작전 통제권을 반환하겠다는 것은 2008년 일본 가나가와현 자마 기지에 동북아 거점 사령부가 설치 완료되는 시점과 무관하지 않다고 생각된다. 연합사 해체와 작통권 환수가 기정사실이라면 슬기로운 대응책이 시급히 강구되어야 마땅하다.

〈서울신문, 2006. 8. 15.〉

'주적'과 '보조적'의 모순

　정부가 최근 임동원 특사의 방북을 계기로 맞게 된 남북관계의 해빙무드를 정착시키는 뜻에서 그동안 〈국방백서〉에서 사용해온 '주적은 북한'이라는 표현을 삭제하거나 수정하는 방안을 신중히 검토 중인 것으로 알려졌다.

　지난 1988년 이래 매년 국방부가 발행해온 국방백서에 '주적'이라는 표현이 들어간 것은 아이러니하게도 냉전체제가 해체되고도 한참 뒤인 1995년부터다. 판문점 남북특사회담 때 박영수 북쪽 대표의 '서울 불바다'발언이 도화선이 됐고 이것이 후에 국회에서 논란을 빚으면서 대북 경계 차원에서 그러한 표현이 국방백서에 들어가게 된 것이다.

　현재 유엔 가입 회원국만 190여 개에 이르지만 그 나라 국방의 기본계획을 밝히는 '국방백서'를 정기적으로 발간하는 나라는 10여 개국에 불과하다. 그중에서도 해마다 국방백서를 발간하는 나라는 미국, 일본, 한국 등 극소수에 지나지 않는다.

　'국방백서'는 대외적으로 공개되는 공식적인 국가문서인 관계로 통상 '선린우호'정책을 강조하면서 유사시 자국의 국토방위를 위해 철저히 대비한다는 취지의 내용이 담겨져 있기 마련이다. 따라서 아무리 안보상황이 어렵다 하더라도 "우리의 적은 XX이다"라는 표현은 피하는 것이 국제관례이다. 중국의 위협 아래에 놓여 있는 대만이나 아랍권 국가들로 둘러싸여 있는 이스라엘도 특정국가를 주적이라고 지목하지는 않는다.

군이 국가의 간성으로 외부의 군사적 위협과 침략으로부터 조국을 보위하는 신성한 임무를 지는 것으로 족하지 무슨 '주적(主敵)'이 필요하고 '보조적(補助敵)'이 필요하단 말인가. '보조적'(?)이 쳐들어오면 손놓고 가만히 있자는 것은 더더욱 아니지 않는가.

주적개념은 전시상황에서 군의 작전개념이지 남북이 정상회담을 열고 국방장관회담까지 하는 화해·협력의 무드의 평시에는 어울리지 않는 용어이다. 따라서 1992년 발효한 '남북기본합의서'와 6·15 공동선언의 정신에도 정면으로 배치되는 '주적'이라는 말을 국방백서에서 고집할 필요가 있겠는가를 깊이 생각해 볼 일이다.

국방백서에 '북한이 주적'이라는 표현을 넣어야 국방이 된다면 휴전 이후 42년 동안 그런 말이 없었어도 군의 국토방위에 아무런 지장이 없었다는 것은 무엇으로 설명해야 하겠나 하는 생각이 든다.

그러면 '주적' 표현을 삭제하거나 수정한다고 할 경우 어떠한 대안이 바람직할까. 요컨대, '국방백서'상 국방의 목표는 94년도 당시의 국방백서로 돌아가는 것이 합리적이라고 생각된다. 곧, '외부의 군사적 위협과 침략으로부터 국가를 보위한다'는 표현이면 모든 상황을 포괄하게 된다.

우리는 흔히 국방을 논할 때 '물 샐 틈 없는 방어'를 강조한다. 또한 안보를 이야기 할 때 0.1%의 방심도 금물이라고 말하곤 한다. 우리 군이 그와 같은 전천후 방어태세를 갖추어 나갈 때 명실상부한 국방이 이루어지는 것이지 유사시 '주적', '보조적' 가려서 대응한다는 뉘앙스를 만에 하나라도 풍겨서는 곤란하다고 본다.

이와 함께 '국방백서'의 발간주기도 재검토할 필요가 있다. 미국과

같이 세계를 경영(?)하는 초강국의 입장에서는 해마다 발간하는 것
이 의미가 있을지 모르나 우리와 같은 지역국가가 별 다른 상황변화
도 없이 매해 내용이 비슷한 백서를 발간하는 것은 생산적이지가 못
한 면도 있다. 독일 등 일부 나토 동맹국들처럼 3~5년의 주기로 발
간하거나 선거에 의해 새로운 대통령정부가 들어섰을 때마다 발간하
는 방안도 검토해 볼 필요가 있다.

　상당수의 유엔 가입국들은 '유엔무기등록제도'와 '군사비보고제도'
를 통해 '국방백서'가 포괄하는 핵심부분의 내용을 공개하고 있고 미
국, 영국, 스웨덴의 국제안보 관련 기관에서도 주요국의 국방태세를
주기적으로 취합·정리하여 발간하고 있기 때문이다.

<한겨레신문, 2002. 5. 14.>

'핵 확장억지'에 대한 억지해석

북한의 핵실험 직후 열린 올해 한미 연례안보협의회(SCM)에서는 미국의 한국에 대한 핵우산 제공과 관련해 우리 측의 구체적인 요구안을 놓고 오해가 빚어져 한바탕 소동이 있었다. 일부분은 통역 실수 때문이기도 했지만 무엇보다 미국의 핵전략 운용에 관한 지식이 부족했기 때문이라고 생각한다.

먼저 SCM에 앞서 열린 한미 군사위원회(MCM)에서 한미연합사령관에게 핵전략 지침을 짜도록 임무가 부여되었다는 보도는 미국에서는 있을 수도 없고, 있어서도 안 되는 일이다. 왜 그런가?

미국은 군에 대한 문민통제의 전통이 확립돼 있기 때문이다. 원칙적으로는 국방장관도 군(장성) 출신은 임용될 수 없다. 지금의 도널드 럼즈펠드 장관을 포함해 전후 역대 국방장관이 모두 민간인 출신이었다.

재래식 무기와 달리 핵무기는 말 그대로 대량살상무기(WMD)이기 때문에 사용하는 데 신중에 신중을 기해야 한다. 그래서 복잡한 국내외 상황을 고려해 군 최고통수권자인 대통령이 고도의 정치적 판단을 내려야 하는 것이다. 6·25전쟁 당시 유엔군 최고사령관이었던 맥아더 장군이 만주 폭격과 한국 내 전장에 핵무기 배치를 주장하다 트루먼 대통령에 의해 해임된 일화는 잘 알려져 있다. 당시 맥아더 장군 해임은 중국과 소련까지 개입돼 제3차 세계대전으로 확전될 것을 우려했기 때문이었다.

요컨대 핵무기의 운용은 야전군 사령관이 간여할 사안이 아닌 것이다. 국제정치적 상황이 깊이 고려되어야 하는 '핵전략'은 미 대통령이 국방부 관리와 백악관 참모진, 기타 싱크탱크의 도움을 받아 정한다.

다음으로 SCM 공동성명에 들어간 '확장억지(extended deterrence)'에 대해 '핵우산 제공을 구체화한 것'이라는 식으로 아전인수식 해석을 하는 것도 바람직하지 않다. 럼즈펠드 장관도 부인했지만 확장억지라는 말은 핵우산이라는 말을 부연 설명한 것에 지나지 않는다.

예컨대 핵공격의 대상이 미국이면 '직접억지'라 하고 한국과 같은 제3국이면 '제3자억지(third-party deterrence)' 또는 좀더 일반적으로 '확장(확대)억지'라고 한다. 확대억지 중 대만해협에서 중국 미사일 발사 위기 시 미국이 핵 항모단을 급히 파견하는 것은 '긴급확대억지'로 분류된다.

미국이 2002년 1월 발표한 핵태세 보고서(NPR)에 따르면 탈냉전 시대의 확장억지는 재래식 억지를 위주로 하고 최후 단계에서 핵과 같은 WMD를 자위적 수단으로 사용하는 것으로 되어 있다.

미국의 대한(對韓) 핵우산 제공과 관련해 한 가지 고무적인 사실은 여러 가지 논란에도 불구하고 '핵선제 사용' 정책을 미국이 고수하고 있다는 것이다. 이는 상황이 급박하게 전개될 경우 미국이 먼저 핵을 사용할 수도 있다는 의미이다.

그럼에도 불구하고 우리가 궁극적으로 해야 할 일은 북-중 간 군사동맹조약인 조중상호원조조약(1961년)에서처럼 유사시 미국의 '즉각 지원'을 보장하는 것으로 한미 상호방위조약의 관련 조항(제3조)을 개정하는 것이다.

〈동아일보, 2006. 10. 31.〉

한미동맹 '새로운 설계'

최근 미8군사령관이 한미연합군을 평화유지군으로 활용, 작전 범위를 동북아 지역으로 확대할 가능성을 언급함으로써 한미연합군의 역할과 관련 또 다른 논란을 빚고 있다. 이는 주한미군 이라크 차출로 인한 '안보공백' 논란에 더하여 미래 지향적 한미동맹의 설계를 위한 몇 가지 단초를 제공하고 있다.

첫째, 한미연합군을 동북아 지역군이나 평화유지군으로 활용하는 방안은 우리 정부가 공식 부인한 바 있으나 이는 '동맹조약'의 기능과 성격에 대한 오해에서 비롯된 것이다. 모든 동맹조약은 두 가지 조건을 충족해야 발동된다.

하나는 '상호지원의무'를 군사동맹조약에 규정해야 하고 다른 하나는 '체약국이 도발하지 않은 전쟁' 등으로 '개전사유'가 합당해야 한다.

따라서 대북 억지가 주 임무인 한미연합군이 한반도 이외의 지역으로 평화유지 임무를 띠고 동원된다는 것은 별도 합의가 없는 한 현행 한미상호방위조약에 명백히 위배된다. 평화유지 임무라면 유엔의 안보리 결의에 따른 평화유지활동(PKO)이나 다국적군의 일원으로 참여하면 되며 이는 한미군사동맹과는 직접적인 관련이 없다.

둘째, 외국의 주요 언론들도 비판한 대로 주한미군 1개 여단을 이라크로 차출하는 것은 그동안 '북핵 위기'와 함께 한반도의 군사적 긴장을 강조해 온 미국 정부로서는 앞뒤가 안 맞는 조처다.

　이는 미국이 북한을 현존하는 명백한 위협으로 간주하지 않는다는 무언의 시사이기도 하다. 미국이 군사력 보완조치를 한다고는 하나 북한의 대내외 사정이나 남북관계 등 주변 여건상 대남 도발이 현실적으로 어렵다는 판단을 했을 가능성이 크다. 따라서 미국에게는 한반도 '안보공백'이 처음부터 주요한 이슈가 아니었던 것이다.

　셋째, 이미 기정사실화하고 있는 주한미군의 감축이나 역할재조정을 감안할 때 한미연합사의 해체는 불가피할 것으로 보이는바, 차제에 전시작전통제권 환수와 함께 연합사를 해체하고 미·일연합방위체제의 병렬식 지휘체계를 바탕으로 평시의 연합작전협력 체제를 긴밀화하도록 한다.

　신속대응군, 동북아 지역군체제로 주한미군이 개편되고 역외로 수시 동원되는 상황에서 연합사의 존재가 과연 필요하겠나 하는 의문이다. 유사시 단일 지휘체계는 현재의 유엔군 사령관을 정점으로 제도적으로도 가능하게 되어 있다. 이는 평시 각자 독자적인 지휘체계를 갖고 있다. 전시에 NATO 사령관을 정점으로 재편되는 미·독일식 연합방위체제와도 근접한다.

　넷째, 한반도의 평화를 담보하기 위해서는 현행 한미상호방위조약을 개정하여 NATO의 '즉각적인 군사지원' 형태로 미국 측의 지원의무를 강화시켜야 한다.

　유사시 "헌법적 절차에 따라 지원한다"(제3조)는 교과서적인 규정은 우리와 대치관계에 있는 북한과 중국 간의 조중상호원조조약(1961년)이 "지체 없이 군사적 지원을 한다"(동 조약 제2조)고 규정하고 있는 것과 대비된다. 이와 함께 이번에 문제가 된 주한미군의 이동이나 재배치 등 병력운용에 관해 사전협의를 제도화해야 함은 물론이다.

　단기적으로는 국민의 안보불안 심리를 해소하기 위해 한미 정상, 또는 관계 장관 선에서 '한미안보협력 공동선언'이나 지침을 대내외에 공표하는 것도 진지하게 검토할 필요가 있다.

　끝으로, 급변하는 안보환경에 처하여 국가방위는 일차적으로 우리가 담당해야 한다는 당위에서 군 구조의 개혁을 단행해야 할 것이다. 현재의 병력집약형 군 구조에서는 운영유지비가 가중되어 실제 전력투자비는 전체 국방비의 25% 내외로 알려져 있는바, 획기적인 개선책이 나와야 할 것이다.

　18세기 영국의 정치가 팔머스턴 경은 국제사회에서는 "영원한 적도 영원한 우방도 없다. 오직 영원한 국가이익이 있을 뿐이다"라고 설파했다. 작금의 현실에서 우리가 다시 한 번 되짚어 보아야 할 명언이 아닌가 한다.

〈한국일보, 2004. 6. 2.〉

북한 미사일실험의 허와 실

일본열도의 동북지역 상공을 지나 태평양상에 떨어진 북한의 대포동 미사일 발사 실험으로 당사국인 일본은 물론, 그동안 국제사회에서 대량살상무기 규제를 위해 많은 노력을 기울여 온 미국을 위시한 서방 선진국들의 여론이 비등하고 있다.

북한의 이번 미사일 발사실험은 지난 1993년 5월 사거리 1,000㎞의 노동 1호 미사일 발사실험 이래 5년 만의 일로서 비교적 짧은 기간에 사거리를 거의 두 배(대포동 1호 사거리 1,700~2,200㎞)로 늘렸다는 점에서 놀라운 현상이라고 할 수 있다.

이 같은 사실을 뒷받침이라도 하듯 최근 미 의회의 위촉을 받아 럼스펠드 전국방장관을 위원장으로 하는 「탄도미사일 위협조사위원회(일명 9인 위원회)」가 조사, 발표한 자료에 따르면 사거리 6,000㎞ 내외의 대포동 2호는 알라스카와 하와이 등을, 사거리 10,000㎞의 대포동 3호는 미 본토 중서부의 아리조나 주와 위스콘신 주까지 도달하며, 5년 이내에 대포동 2호까지는 개발이 가능하다는 것이다.

북한이 이와 같이 단기간에 중·장거리 미사일을 개발할 수 있다고 판단하는 근거는 무엇일까. 북한은 왜 이 시점에서 미사일 발사 실험을 하였으며 그 궁극적인 의도는 무엇인가가 궁금해진다.

우선, 단기간에 기술개발이 가능하였던 이유 가운데 가장 설득력 있는 설명으로는 일부 외신이 전하는 북한과 중동 등 일부 회교국과의 이른바 '미사일 커넥션'이 있다. 미국의 뉴욕 타임즈가 지난 4월 11일 파키스탄의 「가우리」 미사일(사거리 1,500㎞) 발사 실험 직후 제기한 북한과 파키스탄 간의 기술협력 가능성도 그중의 하나이다. 보도에 따르면 「가우리」미사일은 북한의 노동2호 혹은 대포동 1호 미사일의 주요 부품을 조립한 것으로 미 국방부는 가우리 발사 실험 영상을 통해서도 그것이 노동 미사일의 원형으로 짐작된다는 결론을 도출했다는 것이다. 파키스탄 정보소식통도 과거 2년 동안 북한이 월 1회 왕복 화물기편으로 미사일 부품 운반사실을 인정하였다는 것이다.

이 같은 가설을 뒷받침하는 것으로서 최근까지 파키스탄의 미사일 개발은 주로 중국에 의존해서 이루어졌는데 미국의 압력으로 작년 9월 이후 중국이 미사일기술통제체제(MTCR)의 가이드라인에 따라 대파키스탄 미사일 기술 이전을 중단하게 됨으로써 부득이 파키스탄이 기술협력 상대를 북한으로 전환하였다는 주장도 제기되고 있다.

이것이 사실이라면 북한은 중동에 이어 남아시아로 무기수출의 판로를 넓히는 한편 제3국을 미사일 발사 장소로 이용하여 동해 등 지리적으로 협소한 장거리 미사일 발사실험의 제약 요소를 피해 일종의 '대리실험'을 한 것으로 간주할 수 있다. 이 같은 추측이 가능한 것은 북한이 8월 31일 동해에서 일본열도를 지나 태평양상으로 일견 무모해 보이는 미사일 실험을 감행하였다는 사실이다.

일본 측의 발표대로 당시 해역부근 상공을 운항 중인 민간 여객기에 대한 피해 가능성 못지않게 미사일이 일본 본토에 떨어진다면 엄청난 파장을 일으키리라는 것을 누구보다 북한이 잘 알고 있었을 터임에도 불구하고 미사일 실험을 단행한 것은 사거리 등 어느 정도 미사일의 정확도에 대한 확신이 서지 않고서는 할 수 없는 일이기 때문이다.

따라서 북한은 앞으로도 미, 일 등 주요국의 경계를 피해 제3국에서 보다 장거리의 미사일 실험을 계속할 개연성을 배제할 수 없으며 이는 북한의 '기술'과 제3국의 '개발비용' 부담 및 '발사장소' 제공의 형태를 띨 것으로 보인다.

다음으로 북한의 궁극적인 의도가 무엇인가에 관심에 쏠린다. 이에 대해서는 여러 해석이 가능하겠으나 제일 중요한 것은 북한이 남한을 배제한 채 미국 및 일본과의 관계개선을 추구하며 현재의 교착국면을 돌파하기 위한 어떤 전기를 마련해 보겠다는 의지의 발로라고 할 수 있다. 결국, 이것은 미사일을 카드화하여 대미, 대일 협상력을 높여 경제적인 실리를 챙기자는 것이다.

북한이 1994년 10월 미국과의 제네바 핵합의를 통해 50억 달러에 달하는 경수로 2기 건설지원과 매년 50만 톤(약 5,000만$)의 중유를 제공받는 '혁혁한' 전과를 거두었는바 이번에는 대량살상무기 운반수단인 미사일을 통해 소기의 목적 달성을 꾀하려고 하는 것이 아닌가 싶다.

북한이 미사일을 경제적 흥정의 대상으로 삼으려고 하는 조짐은 최근 들어 상당히 조직적으로 나타났었다. 즉 지난 6월 16일 북한은 관영 중앙통신을 통해 미사일의 해외수출 사실을 처음으로 공식 시인하면서 "미국의 대북 경제적 고립정책으로 외화획득 원천이 제한돼 있어 미사일 수출은 불가피한 선택"이라고 밝혔다. 이와 함께 북한은 자기들의 미사일 대외수출 중지를 조건으로 미국의 경제제재 해제와 경제적 보상을 요구하였다.

이어서 지난 8월 11일 북한의 식량실태 파악차 방북한 미국 하원 국제관계위원회 조사단에 미사일 수출을 중지하는 대가로 5억 달러

를 요구하기도 하였으며 가장 최근에는 8월 28일 미·북 고위급회담
차 뉴욕을 방문중인 북한 외교부 부부장 김계관(북한 측 수석대표)
이 미 외교협회에서의 연설에서 "미사일을 안보용으로는 흥정할 수
없지만 경제용으로는 협상이 가능하다"고 밝힌 대목에서도 그들 전
략의 일단을 엿볼 수 있다.

대일관계에서는 작년 2월 이래 황장엽 망명사건과 10여 건의 일본
인 납치사건 등으로 단절. 교착된 북·일 관계에 돌파구를 마련하기
위한 수단이라고 생각된다. 당시 북한은 1987년 노동당 비서 김용순
의 방일 이후 10년 만에 최고위급 인사를 일본에 보내 북·일 관계
개선을 추진하였으나 황 씨의 망명으로 대일관계가 경색되지 않을
수 없었다. 특히 일본인 납치사건은 일본 국내의 여론을 악화시켜
일본 정부로 하여금 대북관계에서 운신의 폭을 그만큼 좁혀 놓은 결
과를 가져왔다. 따라서 많게는 100억 달러에 달한다는 수교 시 대일
청구권(식민지 배상) 자금이 걸려 있는 일본과의 관계 정상화를 실
현하기 위해 역으로 '대일 안보위협'을 가중시킴으로써 모종의 전기
를 만들려고 하는 방책으로도 해석할 수 있다.

특히 북한 미사일이 일본의 최대 안보위협이 되는 이유는 단순히
일본 본토가 사정거리에 들어온다는 것 이상으로 현재 북한이 보유
하고 있는 것으로 추정되는 다량의 화생무기가 탑재될 때 가공할 위
력을 발휘할 것이라는 데 있다. 다시 말해 북한의 핵이나 화생무기
등 대량살상무기는 운반수단인 미사일과 결합할 때 일본이나 미국에
직접적인 위협이 된다는 것이다.

북한은 항상 강온 양면전략을 구사하며 그들의 '벼랑끝 전술'을 통
해 경제적 실리를 취해 왔는바 이번에도 예외가 아닌 것 같다. 즉
대포동 미사일 실험 직전에 열린 미·북 고위급회담에서 북한은 미

첩보위성의 사진촬영으로 알려진 영변부근의 대규모 지하 핵시설의 사찰을 허용하겠다는 의사를 표명한 것이라든가 그동안 두 차례의 회담 이후 1년여를 중단해 온 미·북 미사일회담의 재개를 앞두고, 특히 발사준비 단계에서 이를 사전에 포착한 미국의 경고 메시지도 무시한 채 시험 발사를 강행한 것은 모두 같은 맥락에서 이해된다.

따라서 우리의 대북정책은 북한의 특정 외교, 군사 행위 자체에 지나치게 집착하여 단선적인 대응책을 강구하기보다는 중·장기적인 차원에서 비교적 일관된 자세를 견지하며 상황에 따라 유연하게 대처하는 모습을 보여야 할 것이다. 이를 위해서는 무엇보다 먼저 한·미·일 3국 간의 외교적 공조가 가장 시급하며 중요한 관건이라 하겠다.

〈국제문제, 1998. 9. 2.〉

제 2 부

외교·안보 편

21세기 신무역질서: 국제 비확산수출통제 체제

수출통제 성공적 관리, 우리 경제 새 관건으로 대두

10월 초 평양에서 열리는 제2차 남북정상회담을 앞두고 개성공단을 비롯해 한동안 답보상태였던 남북경협의 물꼬가 열리는 계기가 되지 않을까 하는 낙관적인 전망이 많이 나오고 있다.

이달 초 제네바에서 열린 북·미관계 정상화 실무그룹(WG) 제2차 회의에서도 북한은 농축우라늄프로그램(UEP)을 포함한 핵시설 불능화에 합의하는 대신 미국은 북한에 테러지원국 명단 삭제, 적성국 교역법 적용 해제 등 보상조치를 약속한 것으로 알려짐으로써 향후 대북 교역의 활성화가 자못 기대된다.

미국의 대북 적성국 교역법 적용이 해제되면 그 여파로 국제사회에서 북한과의 교역이 더욱 활발해질 것은 사실이다. 그러나 그것만으로 북한과의 경협(교역)에 있어 장애나 장벽이 일거에 모두 사라지는 건 아니라는 데 문제의 복잡성이 있다.

21세기 국제 신무역질서 '비확산수출통제' 대비책 강구해야

예컨대, 국제 수출통제체제를 주도하는 미국은 자국의 수출관리법(EAA)이나 수출관리규정(EAR)에 따라 '적성국교역법'이나 '테러지원국명단'과 직접적인 관련 없이 미국의 국가이익이라는 주관적인 판단하에 수출을 규제하고 있다.

21세기 국제사회의 신무역질서라고 할 수 있는 '비확산수출통제' (일명 전략물자수출통제)에 대한 올바른 이해와 함께 슬기로운 대비책의 강구가 필요한 까닭이 여기에 있다.

이 글에서는 국제 비확산수출통제 제도 출범 배경과 '전략물자'에 대한 개념, '수출통제'가 우리에게 미치는 정치·경제적 함의 등에 관해 살펴본다.

오늘날 '비확산수출통제(nonproliferation export control)'로 더 많이 알려진 '(전략물자)수출통제' 본래의 의미는 대량살상무기(WMD) 비확산과는 직접적인 관련 없이 1940년대 초 미국에서 쓰이기 시작하였다. 즉 미국의 원자폭탄이 만들어지기 이전의 이야기이다.

1940년 유럽에서 전쟁이 발발하게 되자 미 의회는 대통령에게 "군사적 용도로 전용될 가능성 있는 물자와 기술"의 대외수출을 통제할 수 있는 권한을 한시적으로 부여하는 법안(PL 703-6)을 통과시킨 것이 첫 사례이다.

미국에서도 그 이전에는 실제 전쟁상황에 돌입하지 않는 한 국내업자가 잠재적 적성국에 군수품을 팔아도 아무런 법적 제재를 받지 않았다.

NATO, 공산권 봉쇄 위해 최초 다자간 수출통제체제 '코콤' 구성

2차대전 당시 독일, 이탈리아 등 유럽 교전국과 일본 등에 대해 시행한 수출통제는 전후 1949년 미국이 주도한 대공 산권수출 조정위원회(CoCom)가 출범하게 되면서 처음으로 다자간 수출통제체제가 성립되었다.

1948년 마셜플랜(유럽부흥계획)을 통해 서유럽국들에 대규모 경제지원을 시작한 미국은 그 이듬해 4월 NATO를 창설하고 동맹국들에 신형무기 제공 등 군사지원에도 적극적이었다.

미국은 당시 서방국가에 제공되는 첨단무기나 군사기술이 소련 등 공산권국가로 유출돼 군사기술의 우월적 지위를 잃을까 경계하고 있었는데 그것이 현실로 나타났던 것이다. 예컨대 1947년 선보인 소련제 미그 15전투기는 미국과 영국의 제작기술을 모방한 작품이었고, 1949년 8월에는 소련에서 최초의 원폭실험이 성공하였다.

이에 따라 미국을 위시한 NATO 동맹국들이 주축이 된 최초의 다자간 수출통제체제인 코콤(CoCom: the Coordinating Committee for Multilateral Export Control)이 냉전체제하에서 대공산권 봉쇄정책의 일환으로 성립되었다.

코콤이 수출통제의 대상으로 삼은 물품을 흔히 '전략물자(strategic materials)'라고 부른 데서 오늘날의 '전략물자수출통제'란 말이 통용되게 되었다.

'전략물자수출통제'란 말은 우리나라에서 많이 쓰이나 국제사회에서는 '다자수출통제(multilateral export control)', '비확산수출통제(nonpro -liferation export control)' 또는 단순히 '국제수출통제(international export control)'라는 말이 보편적으로 사용된다. 참고로 일본은 '안전보장수출관리(安全保障輸出管理)'라는 표현을 쓴다.

적성국 수출 제한 위한 '수출통제'에 '비확산' 수식어 가미

우리나라 대외무역법은 전략물자를 '국제평화 및 안전유지, 국가안보를 위하여' 그 수출입을 금지하거나 제한하는 물품이라고 정의하고 있다.(동법 제21조1항) 이를 좀더 부연하면 전략물자란 무기류(대량살상무기 및 재래식무기 포함) 및 무기류의 제조·개발에 이용 가능한 민군겸용 기술이나 이중용도물품(dual -use goods)을 모두 일컫는 광범위한 개념이다.

전시 또는 냉전체제하에서 적국 내지는 적성국에의 수출을 제한하기 위해 고안된 '수출통제'에 오늘날 '비확산'이라는 수식어가 가미돼 '비확산수출통제'로 통용되는 이유는 다음과 같다.

1945년 미국의 최초 핵무기 개발 이후 세계 주요 강대국들 간의 핵개발 경쟁으로 소련(1949년), 영국(1952년), 프랑스(1960년), 중국(1964년) 순으로 핵보유국이 급속히 확산되면서 '핵비확산'문제가 국제사회 초미의 관심사가 되었다. 이에 따라 핵비확산조약 체결을 위한 논의가 유엔을 중심으로 전개돼 1968년 7월 NPT(핵비확산조약, 일명 핵확산금지조약)가 햇빛을 보게 되었다.

1970년 발효된 NPT의 규정(제3조 2항)에 따라 발족된 전후 최초의 핵비확산을 위한 수출통제기구가 쟁거위원회(ZC: Zangger Committee)이다. 위원회 본래의 명칭은 '(핵)비확산조약수출국위원회'(Nonproliferation Treaty Exporters Committee)이나 스위스인 클로드 쟁거(Claude Zangger) 교수가 위원장을 맡게 되면서 후에 쟁거위원회로 더 많이 알려지게 되었다.

탈냉전 이후 비확산수출통제, 비국가행위자 대상

다자간 비확산수출통제는 그 후 인도의 핵실험 성공에 자극받아 결성된 보다 강력한 핵비확산 수출통제기구인 NSG(핵공급국그룹, 1978년)에 이어 화·생무기 비확산수출통제기구인 AG(호주그룹, 1985년), 미사일 비확산수출통제기구인 MTCR(1987년)이 차례로 설립되었으며 마지막으로 1996년에 재래식무기 비확산수출통제기구인 바세나르체제(WA)가 CoCom을 대체하여 신설되었다.

여기서 탈냉전 이후 '비확산(nonproliferation)'수출통제의 의미는 냉전시대와는 달리 어느 특정국가나 지역을 대상으로 하지 않고 국제평화와 안전을 위해 무기류 또는 그와 관련된 민군겸용 기술·물품 등을 분쟁지역이나 우려국가, 테러집단과 같은 비국가행위자(non-state actor)의 손에 들어가지 않도록 예방하거나 차단하는 것을 말한다.

따라서 확산을 방지하는 대상, 즉 비확산 대상은 대량살상무기(WMD)는 물론이고 소총이나 기관총 등 재래식무기류도 당연히 포함된다. 요컨대, 재래식이든 비재래식(WMD)이든 '비확산'을 목표로 한다는 의미에서 '비확산수출통제'란 말이 보편적으로 씌게 되었다.

수출통제 문제, 향후 우리 경제의 사활 달려

요컨대, '비확산'의 이행수단인 수출통제 문제는 향후 우리 경제의 사활이 달려 있다고 해도 과언이 아니다. 국민경제의 무역의존도가 70%나 되고 전체 수출액에서 통제대상품목(이중용도품목)이 40%(720억 달러)에 육박하는 나라가 한국이다. 구미 선진국들이 대다수를 점하는 각종 수출통제기구 회원국들로부터 규정에 따라 우리기업이 몇 년씩 수출입금지 제재를 받는다면 이 또한 심각한 일이다.

미국과 유럽 등 구미 선진국들이 주도하고 있는 각종 수출통제체제는 비확산규제 지침 위반 시 회원국에 따라 통상 3~5년 기간 수출입을 금지시키며 미국은 국내법에 따라 최장 50년까지도 당해 업체의 수출입을 전면 금지시킬 수 있다. 우리의 주 수출 대상국이 구미 선진국임을 감안할 때 그 기업은 파산할 가능성이 높고 이런 상황이 가중된다면 한국경제의 회생은 불가능할 것이다. 요컨대, 수출통제를 성공적으로 관리하는 것이 우리 경제의 관건이 되고 있는 것이다.

〈국정브리핑, 2007. 9. 7.〉

아프간과 한국: 국제정치사의 아이러니

아프간, 현대 정치사 흐름 바꾸는 데 '태풍의 눈' 역할

아프가니스탄의 한국인 인질 피랍사태로 온 나라가 슬픔에 잠겨 있다. 이미 두 명의 고귀한 목숨이 희생되었으나 6일 열린 미국-아프간 정상회담에도 불구하고 남은 21명의 인질 억류사태가 극적인 돌파구를 찾지 못한 채 장기화될 조짐을 보이고 있다.

한국과 아프가니스탄은 일견 서로 간의 연관성이 전혀 없는 것처럼 보인다. 같은 '아시아'에 속한다는 것 빼고는 각기 동북아와 서남아 지역에 위치한다는 데서 알 수 있듯이 정반대 방향의 위치에 종교와 문화, 언어, 민족 등 공통분모가 전혀 없다고 해도 과언이 아니다.

그러나 근·현대사에서 두 나라는 서로 떼어 놓을 수 없는 역사적 이벤트를 공유하고 있다. 특히 아프간은 여러 의미에서 현대 정치사의 흐름을 바꾸어 놓는 데 있어 '태풍의 눈' 역할을 해온 것을 부인할 수 없다.

거문도 사건, 영·러 간 아프간 세력다툼의 여파

지금으로부터 120여 년 전 1885년 4월 영국의 동양함대가 남해의 거문도를 점령한 사건을 우리는 '거문도 사건'으로 중·고등학교 시절 역사에서 배웠다. 하지만 왜 거문도 사건이 일어났는지 그 배경을 제대로 아는 사람은 많지 않을 것이다.

요컨대, 당시 약소국인 한국의 영토가 대영제국의 함대에 의해 강제 점령당하는 비운을 맞게 된 것은 다름 아닌 아프간에서의 영국과 러시아 간의 세력다툼의 불똥이 이역만리 한반도에 튄 까닭이다.

19세기 5대양 6대주에서 '해가 지지 않는 나라'로 불리던 해양세력 대영제국은 나폴레옹 전쟁에서 그 위력을 발휘한 대륙세력의 강국 러시아의 도전을 받는다. 부동항을 찾아 '흑해'로 진출하려는 첫 번째 러시아의 도전은 나이팅게일로 유명한 크리미아 전쟁(1853년)에서 영국과 프랑스의 연합세력의 견제로 좌절되었다.

그 후 1885년 러시아가 '페르샤만'으로 진출하기 위한 교두보로 중앙아시아의 실크로드(교통) 요충지인 아프간 접경 '머브 오아시스(Merve Oasis)'와 아프간의 '판즈데 오아시스(Panjdeh Oasis)'를 강제 점령하자 당시 인도식민지 경영에 여념이 없던 영국은 양국 간 국경위원회 구성을 제의하며 타협하는 한편 극동에서 부동항을 찾아 한반도로 러시아세력이 남하하는 것을 사전에 차단할 목적으로 거문도를 불시에 점거하게 된 것이다.

당시 한국(조선)은 갑신정변(1884년)으로 국내 정치가 혼미상황이었기에 영국의 거문도 점거도 손쉽게 이루어질 수 있었던 것으로 보인다. 결국, 청국 이홍장의 중재로 러시아가 한국 영토에 야심이 없다는 다짐을 받고 2년 뒤 영국 함대가 철수하기는 했으나 우리 주권국가 역사의 오점으로 기록되는 사건이다.

이로부터 바로 10여 년 뒤 영국이 우려했던 대로 러시아세가 본격적으로 한반도에 손을 뻗치게 된다. 자의반 타의반이기는 하나 고종의 아관파천(1896년)은 국왕이 러시아 공사관에 피신하여 국사를 보았다는 데서 다른 열강의 질시를 받았던 것도 사실이다.

영국의 거문도 점령이 러시아세의 남하를 저지하려던 제스처였다면 1902년의 영·일 비밀동맹은 영국이 일본을 내세워 러시아의 남진을 저지하려고 한 또 다른 견제구였다. 2년 뒤 일본은 막강한 영국을 뒤에 엎고 노·일전쟁(1904~1905년)을 일으켜 승리한 후 급기야 한국(조선) 병탄의 수순을 밟게 된다.

즉 거문도 사건은 영·일동맹의 전조이고 영·일동맹은 일본이 당시 대륙의 최대강국 러시아에 도전하는 빌미를 제공하였으며 그 결과 한국(조선)은 독립을 잃게 되는 수순을 밟아가게 되는 것이다.

아프간 2차대전 후 구소련과 밀접한 관계 지속

한편 아프간에 대한 러시아의 야심은 영국이 인도와 인도양에서의 제해권 보호를 명분으로 강력 견제함에 따라 일단 아프간을 완충국(buffer state)으로 놔두고 두 나라가 사이좋게 영향권을 반분하기로 타협하는 것으로 일단락되었다.

아프간은 1차 세계대전 이후 1919년 지역거점의 여러 토후국에서 통합된 왕국으로 거듭나면서 러시아는 제일 먼저 외교관계를 수립하고 1921년에는 양국 간 우호조약을 체결하기에 이르렀으나 그럼에도 불구하고 아프간은 2차 세계대전이 끝날 때까지 중립정책을 고수했다.

그러나 인도대륙이 1947년 영국으로부터 해방 독립되면서 파키스탄이라는 신생국가가 아프간에 이웃하는 국가로 태어나고부터 이 같은 중립정책에 변질을 가져오게 된다.

신생국 파키스탄의 서북접경지역에는 약 500만으로 추산되는 파탄족(Pathans, 파쉬툰(Pashtun)족이라고도 함)이라는 아프간 민족이 집단으로 거주하고 있어 아프간 정부는 민족자결의 명분하에 파탄민족의 분리독립을 부추겨 왔다.

파탄족이 아프간과 파키스탄에 걸쳐 나뉘어 살게 된 것은 1893년 '듀런드 라인(Durand Line)'이라 하여 영국의 인도 식민지 행정부가 인도(파기스탄 분리독립 이전)와 아프간 사이의 국경을 임의로 획정하여 합의한 데 따른 것이다.

이 무렵 파키스탄은 중국, 인도와의 관계에서 독립을 지키고자 1954년 미국과 동맹조약을 체결하게 되고 아프간정부는 파키스탄에 파탄종족의 독립을 위한 보다 실질적인 압력을 넣기 위해 소련으로부터 군사·경제적인 원조를 구하게 된다.

그로부터 25년간 소련과 아프간은 정치 군사 경제적으로 밀접한 관계를 맺어 왔다. 예컨대, 군대조직만 하더라도 1956년 이후에는 소련의 군제를 모방하고 장교들은 소련에 파견교육을 받으며 소련제장비로 무장되었다.

왕에 의해 실각되었던 다우드(Daoud) 수상이 1973년 일부 군부세력의 지지를 받아 쿠데타를 성공적으로 수행, 왕을 폐위하고 공화국을 만들어 탈소련 정책을 추구하다 실패하게 되면서 1979년 소련의 본격적인 개입이 이루어진다.

구소련 아프간 침공, 신냉전시대 계기

동·서 양 진영으로 갈라진 양극 체제하에서 아프간 국내정치가 혼미양상을 보이는 가운데 집권 좌경세력 보호를 구실로 한 구소련의 아프간 침공(1979년 12월)은 70년대의 '미·소 데탕트' 시대를 종식시키고 이른바 '신냉전시대'를 여는 계기가 되었다.

그 후 10년간 미국은 구소련군과 정부군에 대항하여 싸우는 탈레반 등 회교 반정부군에 연간 1억 달러 이상의 원조를 제공하며 좌경정부와 소련군의 축출을 도왔다. 예컨대 1985 회계연도 한해에는 미국 의회가 2억 5000만 달러의 '아프간 지원계획'을 통과시키기도 하였다.

그 결과 반군의 집요한 공격에 시달리던 소련군은 결국 1989년 아프간으로부터 철수하게 되고 그로부터 몇 년 뒤 내전을 거쳐 정권은 1996년 탈레반의 수중으로 넘어갔다.

국제정치학자들은 1989년 12월 미·소간 몰타(Malta) 정상회담에서 양국 대통령이 동·서 냉전체제의 해체를 공식 선언한 것을 탈냉전의 기원으로 보지만 기실 내막적으로는 1989년 초 소련군의 아프간 철수가 촉매제 역할을 한 사실을 부인할 수 없다. 따라서 아프간은 국제정치사의 중요한 시대적 전환기마다 태풍의 '핵' 역할을 해왔다고 할 수 있다.

이런 가운데 미국은 2001년 10월 9·11 테러를 사주한 오사마 빈라덴과 알카에다에 은신처를 제공한 탈레반 정권을 무력으로 강제 축출하였던 것이다. 결국 미국은 반정부 민병대인 탈레반을 지원하여 아프간의 친소 정권을 축출한 후 탈레반이 정권을 잡은 지 5년만에 다시 같은 정권을 다른 이유로 갈아 치우는 비극적 현실을 맞게 되었다. 이제 다시 미국을 위시한 나토 동맹국 등 다국적군과 탈레반과의 지루한 싸움이 전개되는 가운데 애꿎은 한국인 피랍사건이 발생하게 된 것이다.

1885년 아프간에서의 강대국 간 세력다툼 결과의 하나로 한국(조선)의 '땅'(거문도)이 볼모로 잡힌 지 꼭 122년 만에 이제 다시 아프간 현지에서는 강대국(미국)의 대테러전 와중에 한국 '사람'이 인질로 잡히는 비운을 맞게 된바 그야말로 역사의 아이러니가 아닐 수 없다.

〈국정브리핑, 2007. 8. 9.〉

'헬싱키 프로세스'의 교훈과 한반도 평화

'정치적 신뢰구축' 선행······'다자 모드'로 진행해야

최근 노무현 대통령이 한 평화포럼에서 동북아 평화체제의 모델로 '헬싱키 프로세스'를 언급한 것이 언론에 보도되면서 유럽의 다자협력안보에 대한 관심이 전에 없이 제고되고 있다.

노 대통령은 지난달 22일 열린 제4회 제주평화포럼 개회식 기조연설에서 "6자회담이 북핵문제 해결 후 동북아 안보협력체로 확대돼야 한다"며 유럽안보협력기구(OSCE)를 낳은 헬싱키 프로세스가 이 지역 평화체제의 모범이 될 수 있다고 밝혔다.

노 대통령 "동북아 평화체제 모범 될 수 있어"

헬싱키 프로세스의 한반도 평화 모델 성립여부에 관해서는 이미 학계에서 오래전부터 논의돼 왔었고 우리 외교통상부도 2001년 '한국-OSCE 회의'를 통해 조심스럽게 그 실현 가능성을 모색하기도 하였다.

헬싱키 최종결의(Helsinki Final Act)의 공식 명칭은 '유럽안보협력회의 최종결의(Final Act of the Conference on Security and Cooperation in Europe)'이며 흔히 '헬싱키선언(Helsinki Declaration)' 또는 '헬싱키협약(Helsinki Accords)'이라고도 불린다. 한국에서는 '헬싱키

최종의정서'로도 불리나 합의 자체가 법적 구속력이 없는 정치적인 약속
이기 때문에 조약의 일종인 '의정서'라기보다는 '결의' 또는 '결의서'가
더 적절한 표현이라고 생각된다.

'헬싱키 프로세스'는 크게 두 가지 의미를 내포하고 있다. 협의는
1973년 7월 3일부터 닷새간의 1단계 본회담(준비회의), 같은 해 9월
18일부터 1975년 7월 21일까지의 2단계 본회담, 1975년 8월 1일의
마무리 정상회담 등 3단계의 과정을 이른다. 또 광의에서는 2005년
7월 폴란드 외무장관(아담 롯펠드)의 비엔나 OSCE회의 발제 '헬싱
키 프로세스 30년 회고(30 years of the Helsinki Process)'처럼 헬싱
키 최종결의(Helsinki Final Act) 완성 후 각종 후속회의를 통해 회
원국들의 의무이행 상황 점검 등 유럽지역의 안보협력과정을 총칭한
다. 물론, 노 대통령이 언급한 '헬싱키 프로세스'는 후자를 지칭한다.
 여기서는 헬싱키 프로세스의 핵심인 유럽안보협력회의(OSCE)의
성립과정과 교훈, 특히 한반도 평화에의 함의를 중심으로 살펴본다.
 전후 동서독의 분단국경을 확정하고 동유럽에서의 소련의 영향력
행사를 보장받을 목적으로 소련이 처음 제의한 유럽안보협력회의는
그 자체로서는 무기나 병력의 감축을 대상으로 하는 군축협상은 아
니었으나 군사적 신뢰구축조치(CBMs)를 포함하고 있어 오늘날 그
비중이 높아가는 다자 협력안보의 모델이 됐다.
 1972년 SALT협정 체결 직후 미국은 북대서양조약기구(NATO)
대 바르샤바조약기구(WTO)의 동맹 대 동맹 간의 새로운 군축협상
을 제의하였으나 평소 동맹블록의 해체를 주장하여 온 소련은 보다
많은 유럽국가가 참여하는 전 유럽안보회의 형태의 다자회담을 제안
하였다. 결국, 미국은 소련이 원하는 유럽안보협력회의(CSCE)에 참
여키로 양보하는 대신 자국이 제의한 상호균형감군협상(MBFR)에

소련 측의 참여를 이끌어 냈다.

MBFR은 처음부터 NATO와 WTO의 병력산정문제, 협상방식 및 감축대상 무기처리문제, 검증·사찰문제 등에 대한 이견으로 10년 이상 별 진전이 없는 회의를 끌어오다 1986년 마감하고 1989년 3월부터는 유럽재래식전력감축협상(CFE)이 시작됐다.

한편, 유럽안보협력회(CSCE)의 참가국은 당시 북대서양조약기구(NATO) 16개국과 바르샤바조약기구(WTO) 7개 회원국 및 바티칸, 산마리노 등 미니국가를 포함하는 비동맹·중립 성향 12개국이 포함되며 73년 6월의 예비회담을 거쳐 같은 해 7월 헬싱키에서 첫 본회담을 개최하였다. 본격적인 협상은 전술한 대로 1973년 9월~1975년 7월까지 이루어지고 1975년 8월 1일 35개 참가국 원수 및 행정수반이 참석, 헬싱키 최종결의(Helsinki Final Act)에 서명했다.

유럽안보협력회의(CSCE)는 1995년 1월 유럽안보협력기구(OSCE)로 개칭, 상설 국제기구화되면서 1999년의 비엔나 문서(Vienna Document)에 이르기까지 4개의 새로운 협약(문서)을 체결하여 각종 군사적 신뢰구축조치들을 강화해 왔다. 헬싱키회의에서 유럽재래식전력감축협정(CFE)까지의 과정을 도표화하면 다음과 같다.

〈헬싱키 프로세스의 전개과정: 유럽 군비통제〉

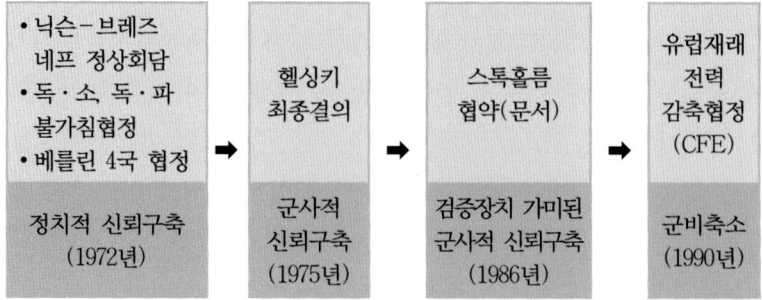

'정치적 신뢰구축' 선행돼야

이와 같은 일련의 헬싱키 프로세스 전개과정을 살펴볼 때 우리는 한반도 안보와 관련, 다음과 같은 시사점과 교훈을 도출해 낼 수 있다.

첫째, 먼저 군사적 신뢰구축 이전에 정치적 신뢰구축이 어떤 형태로든 선행된다는 사실이다. 사실 1973년 헬싱키 프로세스가 시작된 것은 그 이전의 미-소 정상회담이나 동서독 기본조약 등 정치적 해빙무드가 직·간접적으로 많은 영향을 미쳤다는 것을 부인하기 어렵다.

둘째, 군사적 신뢰구축에 있어서는 처음부터 구속력이 있는 강력한 조치들을 합의하기가 어렵기 때문에 초기에는 참여국의 자발적인 시행을 권하는 상징적인 의미를 강조할 필요가 있다. 따라서 유럽안보협력회의(CSCE)의 경우에도 참여국의 의무적인 신뢰구축조치는 구속력이 없는 헬싱키 최종결의상의 군사적 신뢰구축조치가 시행된 후 10년이 지나서야 스톡홀름협약(1986년)에서 감시·검증의 방법을 도입하면서 본격적으로 시행하게 되었다.

끝으로, NATO와 바르샤바조약기구(WTO) 회원국 사이에 이견으로 협상이 교착상태에 들 때는 전체 35개 협상 참여국 가운데 1/3에 가까운 12개국의 비동맹·중립 성향의 유럽국들이 적극적으로 중재자 역할을 자임함으로써 회담을 성공적으로 이끄는 데 크게 기여했다. 이는 "싸움은 말리고 흥정은 붙이라"는 우리네 속담을 연상시키는 것이어서 흥미롭다.

이 같은 헬싱키 프로세스의 시사점과 교훈에 비추어 북핵문제 해결을 포함해 궁극적으로 한반도 평화를 구현하기 위한 동북아 지역의 다자안보협력의 방향을 생각해 보자.

북·미, 북·일 관계 정상화 시급

먼저 '정치적 신뢰구축'이 선행돼야 한다는 측면에서는 남북 간의 신뢰구축 못지않게 북·미, 북·일 간의 관계 정상화가 조속히 이루어져야 할 것이다. 이는 특히 한국이 중국과 러시아와 이미 오래전에 국교정상화를 이룬 것과 대조된다. 정치적 신뢰구축의 가장 핵심 사안은 외교관계 정상화이기 때문이다. 예컨대, 4자(남북한+미·중) 또는 6자(일·러 포함) 외무장관 회담의 정례화도 정치적 신뢰구축의 좋은 본보기가 될 것이다.

둘째, '군사적 신뢰구축'과 관련, 헬싱키선언에서처럼 군사훈련의 사전통보, 참관요청 등 군사적 투명성을 높이는 사전통제 장치는 초기 시행과정에서는 상대방의 '선의의 협력'을 구하다가 점진적으로 구속력 있는 감시·검증의 과정을 밟아가는 것이 필요하다. 요컨대, 남북 간의 군사적 신뢰구축조치(CBMs)도 처음부터 완벽한 제도나 장치를 추구할 필요는 없다는 것이다.

끝으로 헬싱키 프로세스의 교훈은 양자 모드보다는 다자 모드가 유용했다는 점이다. 즉 양자형식의 MBFR협상이 실패하고 다자방식의 유럽안보협력회의(OSCE)가 성공한 것을 이른다.

후자의 경우, 헬싱키 회의 당시 유럽국의 거의 대다수가 포함된 35개국이 참여하고 특히, 이 중 12국이 동·서 양 진영 어디에도 속하지 않는 비동맹·중립국이었다는 사실은 이 지역에서 헬싱키 프로세스를 추구하는 우리에게 많은 것을 시사한다.

전체 회의 참여국의 1/3을 차지하는 중립성향 국가들이 NATO(16국)와 바르샤바조약기구(WTO, 7국) 동맹국들의 의견 대립 시 적극적인 중재역할을 했다는 사실은 아시아판 헬싱키 프로세스를 추구하

는 데 있어서 우리가 염두에 두어야 할 사안이다. 따라서 이 지역 다
자안보협력회의도 가능한 참여국의 상당수는 역내 안보현안에 중립
성향을 갖는 국가일 필요가 있다는 것이다.

〈국정브리핑, 2007. 7. 11.〉

'동북아 실용주의 외교'가 필요한 이유

　지난달 초 시드니 APEC 정상회담 기간 중 미국, 일본, 호주 3국 정상이 별도의 안보회담을 갖고 중국, 러시아 두 나라는 따로 양국 정상회담을 열어 결속을 다지는 등 아시아·태평양 경제협력체내에서 조차 대륙세력과 해양세력간의 대립 양상을 보이면서 새삼스럽게 한국의 '동북아 균형자' 역할에 대한 회의론이 제기되고 있다.

　외신은 한국이 미-중의 패권경쟁의 와중에 마치 담장 위에 걸터앉아 사태를 관망하는 형국(fence-sitter)이라며 한국이 어려운 외교적 선택의 기로에 있음을 시사하고, 일부 국내 언론에서도 노무현 대통령이 2005년 3월 주창한 '동북아 균형자론'의 적실성에 대한 시비가 적지 않다.

　차제에 동북아 균형자론의 실체가 무엇인가를 규명하고 아울러 변화의 조짐을 보이고 있는 아·태 지역 역내 안보질서(환경)에 어떻게 대처해 나가는 것이 바람직한 가를 살펴본다.

　먼저 논의의 주제가 '동북아 균형자론'이든, 또 다른 형태의 '균형 외교론'이 됐든, 모두가 주권국가의 독립을 보존하는 수단으로서 '외교'의 중요성을 시사하고 있다는 데에 이론이 없다. 이와 관련 역사적으로 극명하게 대조되는 두 개의 사례를 소개한다.

　동남아에서 거의 유일하게 영국과 프랑스 등 서구 열강의 식민지화에서 벗어나 독립을 지킨 태국과, 같은 시기에 일본의 식민지로 전락한 조선왕조의 비극이 그것이다.

태국의 라마 5세 출라롱콘(Chulalongkorn) 왕은 1853년 조선의 고종과 같은 해에 출생하였고 어린 나이(10대)에 즉위하여 두 사람 모두 40년 이상 왕위에 재위하였다는 점에서 흥미롭게 대비된다.

그러나 태국의 출라롱콘 왕은 일찍이 싱가폴, 네덜란드, 말라야, 인도 등지의 여행을 통하여 안목을 넓히고 스스로 근대화 개혁을 단행하는데 앞장선다. 1896년에는 영국과 프랑스가 동남아지역에서 식민지쟁탈전을 벌일 때 7개월간 왕위를 비워두고 러시아의 니콜라스2세와 독일제국의 카이저 빌헬름2세를 만나는 등 외교노력을 통해 국제사회에서 태국(당시 샴)의 입장에 대한 지지를 획득하였다.

그 같은 노력의 결과 독일황제가 태국을 영국과 프랑스간의 완충국(buffer state)으로 남겨두도록 영국에 요청함으로써 끝내는 전술한대로 동남아에서 유일하게 열강의 세력다툼 와중에서 독립을 지켜내는 공을 세웠다.

태국왕실은 그 같은 내치와 외교의 선정으로 오늘날까지도 전 국민의 추앙을 받고 있는 것이다.

한편, 궁중의 척신 권력암투에 내치도 어려운 상황에서 구한말 서세동점의 상황파악과 외교수완에 어두웠던 고종은 1896년 아관파천까지 단행, 러시아 공사관에서 1년 여 동안 러시아 군대의 보호를 받으면서 국정을 돌봤으나 10년도 못되어 결국 국권을 상실하게 되었음은 역사의 아이러니가 아닐 수 없다.

외교나 외교정책이 그와 같이 한나라의 명운을 좌우하는 중요한 명제라면 그 내용물도 중요하지만 어떠한 계제에 어떤 포장과 용기(容器)에 담느냐 하는 것도 그에 못지않게 중요하다.

우선 '동북아균형자론'이라는 말 자체에 오해의 소지가 없지 않다.

이에 대한 노 대통령 발언의 취지는 최근 동북아시아에서 중국을 위요한 미·일의 동맹 강화 움직임 등으로 역내의 패권(hegemony) 다툼이 노골화되고 있는 상황에서 우리의 국익수호를 위해 보다 신축적인 외교 자세를 취하겠다는 것인데, 여기서 '균형자(balancer)'라는 말은 국제관계 이론상으로도 적합한 용어가 아니다.

원래 '균형자'라는 말은 18~19세기 영국의 유럽 대륙국 정책의 하나로 현상유지 정책이라고도 하는데, 독일계의 합스부르크(Habsburg)가와 프랑스계의 부르봉(Bourbon)가의 세력 다툼 사이에서 힘이 약한 쪽을 지원하는 정책을 취한다는 의미에서 유래된 것이다. 그 후 나폴레옹전쟁 때는 영국이 5국체제의 현상유지를 택함으로써 프랑스를 존립시키는 데 기여하기도 했다.

한국은 국제법상 미국의 군사동맹국이기 때문에 원초적으로 '균형자'의 자격이 없으며 대통령의 발언 취지에 충실한다면 '완충 역할(buffer zone)'이나 '비스마르크'식 '정직한 중재자(honest broker)'가 더 적절한 용어이다. 완충 역할이나 중재자 역할은 동맹 여부에 관계없이 가능하기 때문이다.

따라서 정부가 '동북아 균형자' 논란을 피해 새로이 선호하는 '균형외교론'도 같은 맥락에서 오해를 불러일으킬 수 있으므로 차라리 '실리외교'나 '실용주의 외교'로 명명하는 것이 낫지 않겠나 생각한다.

그렇다면 아시아·태평양지역에서 미국과 중국을 중심으로 한 신냉전 질서가 형성되는 상황에서 한국의 실리 또는 실용주의 외교노선이 설 자리는 과연 없는 것인가? 필자는 이에 대해 단연코 "있다"라고 답하고 싶다.

결혼식 주례사에서 많이 인용되는 "그럼에도 불구하고"냐, 아니면 "그렇기 때문"이냐가 사실은 여기에서의 관건이다. 즉, 동맹국인 미국이 주도하니까 새로운 다자동맹체제에 가입하여 우리도 이웃나라와 대립각을 세워야 하나, 아니면 바로 그런 상황임에도 불구하고 우리만이라도 선린우호정책을 버리지 말아야 하나 하는 문제이다. 다음과 같은 이유에서 후자가, 즉 실용·실리주의 외교가 바람직하다고 본다.

첫째, 한국이 일종의 Hot-line(소통로) 역할을 자임할 필요가 있다.

1960년대 냉전의 절정시점에도 미국과 소련은 양국 정상 간에 핫라인을 유지함으로써 유사시 커뮤니케이션의 장을 마련해 두었는데 한국이 바로 미-중 핫라인 역할을 하는 국가로서 주변 열강의 대립각이 첨예화됐을 때 충격흡수 내지 완충역할을 하는 소임을 다하겠다는 것이다. 물론 한국의 국익을 위해서 뿐만 아니라 관계 당사국 모두의 이익이 됨을 각기 상대측에 납득이 갈 수 있도록 잘 설명해야 한다.

둘째, 한·중·일의 특수 관계에서 또 다른 형태의 '한국 역할론'이 가능하다.

중국과 일본이 동북아에서 패권경쟁을 하는 국가라는 사실은 익히 알려져 있다. 그런데 한국은 전통적인 중국의 유교문화권 국가로서 중국으로부터는 일본의 식민지배와 같은 쓰라린 경험은 겪지 않았으므로 중국에 대한 호감을 가지고 있고 일본은 미국을 매개로 우리와 군사적으로도 연계돼 있으나 대일감정 등의 반일 요소가 있어 한국이야말로 유사시 '진정한 중재자'(honest broker)가 될 수 있다는 것이다.

경제적으로도 중·일의 긴장관계가 고조되면 결국 이 양국과 대외경제 관계의 반 이상을 투입하고 있는 한국은 엄청난 피해를 입게 될 것은 너무나 자명한 일이다.

끝으로 '캐나다 모델'에서 우리 외교의 지향점을 찾는다.

캐나다는 미국의 동맹국이고 특히 국경지대는 미국과 생활권역이 중복되기도 하지만(혹자는 미국의 한개 주로 착각함) 대외관계에서는 때로 미국에 쓴 소리도 하고 독자적인 외교행보를 보임으로써 국제사회에서 '평화애호국'으로서의 이미지를 확고히 구축하고 있는바 인구나 잠재력 면에서 캐나다에 못지않은 한국이 그런 역할을 못할 이유가 없다는 것이다.

한국은 해방이후 냉전체제하에서 미국에 너무 밀착되어 '미국의 식민지'라는 비아냥까지 듣는 판에 이제 선진 한국이 '균형외교'를 되찾아 사안에 따라 캐나다와 같이 미국에 우리의 메시지를 전달할 수 있어야 하며 또 충분히 그럴 역량을 가졌다고 본다.

요컨대, 우리 국민은 한국이 경제력과 한류 붐 등 연성국력에 걸맞게 국제사회에서 제 목소리를 내고 주도적, 능동적인 외교행보나 역량을 발휘해 주기를 기대하고 있다는 사실을 주목할 필요가 있다.

사족이긴 하나 베이징 6자회담의 9·19 공동선언이 한국의 주도적인 중재로 극적으로 타결된 것이나 어려운 국제정치 여건에도 불구, 한국인 UN 사무총장을 탄생시킨 쾌거는 우리 정부가 그 동안 추구해온 실용·실리 외교의 산물이었다고 해도 과언이 아니다.

〈국정브리핑, 2007. 10. 17.〉

'주권침해' 中에 적극대처를

　지난 13일 베이징(北京) 주재 한국 총영사관에 중국 공안들이 무단 진입해 탈북자 원 모 씨를 강제로 연행하고, 이를 만류하는 우리 영사 및 언론사 특파원을 폭행했다. 이 사건은 올해로 한·중 수교 10주년을 맞는 양국의 우호관계에 어두운 그림자를 드리우고 있다.

　더구나 이번 사태해결의 키를 쥐고 있는 중국 측이 외교부 대변인 담화나 주한 중국대사의 해명 등을 통해서 자국에 잘못이 없음을 강조하고 나서 한·중 간 외교 갈등이 심해질 조짐이다.

　이 사건의 발생과 사후처리 과정에서의 중국 당국의 대응은 한마디로 중국이 현대 문명국가로서 책임 있는 국제사회의 일원인가 하는 의구심을 갖게 한다. 여기에는 몇 가지 이유가 있다.

　첫째, 중국 공안원들의 한국영사부 안으로의 무단침입은 어떠한 명분으로도 인용될 수 없는 중대한 주권침해 행위이다. 외교공관에 대한 불가침권은 근대 국민국가가 출현한 베스트팔렌조약(1648) 이후 국제관습법으로 인정돼 오던 것으로서, 이는 1961년 '외교관계에 관한 빈협약'을 통해 국제조약으로 명문화됐다. 영사나 영사관은 국제법상 외교관이나 외교공관은 아니나 그에 준하는 특권을 누리게 돼 있는바 '영사관계에 관한 빈협약'(1963년)이 이를 규율하고 있다.

　중국 측의 우리 영사관 구내 무단침입 및 한국 영사 폭행은 빈영사협약이 규정하는 영사관사 불가침(제31조 제2항) 및 신체의 불가침(제41조) 조항이나 취지에 명백히 위배된다. 즉 영토국(접수국)의 관헌은 전염병 방지나 화재 등 긴급을 요하는 경우가 아니면 파견국 영사기관장의 동의 없이 영사관 구내에 진입할 수 없는 것이다.

둘째, 중국 당국은 원 씨가 중국에서 범죄를 저지르고 도피하는 범죄 혐의자인지 여부를 조사하기 위해서 연행하는 과정이었기 때문에 공무집행이라는 강변을 하고 있다. 그러나 이 또한 앞뒤가 맞지 않는 주장이다.

국제법상 설사 범죄 혐의자라 하더라도 일단 외국공관 구내에 진입한 경우에는 소정의 절차를 밟아서 당해 공관장의 동의하에 연행할 수 있는 것이다. 즉 공해 상에서와 같은 추적권(hot pursuit)은 인정되지 않는다. 범법 혐의가 있는 선박도 연안국이 공해 상에서는 추적할 수 있으나 일단 본국이나 제3국의 영해로 진입할 경우에는 추적권은 소멸된다.

셋째, 중국은 제네바난민협약(1951년) 당사국이고 또 지난 1967년의 유엔난민의정서 서명국으로서 피난자 보호의 의무를 지고 있다. 따라서 그에 따른 적절한 조치를 해야 함에도 불구하고 그러한 강압적인 행태를 보이는 것은 스스로의 국제적 공약을 저버리는 일이다. 탈북자에 관해서는 유엔난민고등판무관실(UNHCR)도 공식적으로 난민지위를 인정한다고 밝힌 바 있다.

널리 알려진 대로 중국은 최근 수년간 역동적인 경제발전과 함께 작년 말에는 세계무역기구(WTO)에도 가입함으로써 다자간 자유무역을 통한 국제화·세계화의 대열에 동참하고 있다. 또한 2008년에는 아시아에서는 세 번째로 올림픽을 개최하는 등 나름대로의 국제적 위상을 제고해 가고 있는 중이다.

이러한 중요한 시기에 불거진 중국의 이번 사건에 대한 적절한 사태수습 과정을 세계는 주목하고 있다. 미국은 특히 이번 사건을 예의 주시하면서 영사관의 불가침권을 '국제관계 규범의 본질적 근간'이라고 깊은 우려를 표명한 바 있다. 유럽연합(EU)국들은 중국이 최근 베이징 주재 외국공관에 대해 탈북자의 신병인도를 요청했다는 보도와 관련, 공동 대응책을 마련하려는 움직임을 보이고 있다.

우리 정부 입장에서 외교적 대응은 크게 두 가지로 귀결된다. 첫째는 다자적인 외교 공조의 모색이다. 기존의 한·미·일 3국 협의 채널인 '대북정책 조정감독 그룹(TCOG)'의 활용은 물론, 유엔, EU 등과의 공동보조가 바람직하다. 다음으로 우리 정부는 한·중 양자적 차원에서 원상회복, 유사사건 재발방지 촉구 등 초기단계의 조치를 취해 나가는 것이다.

한편, 이와는 별도로 중국 주재 한국대사의 일시귀국이나 잠정 소환 등 보다 적극적인 조치를 통해 주권국가로서의 존엄을 지켜나갈 필요가 있다. 아울러 대내적으로는 중장기적 차원에서 탈북자 관련 시설 확충이나 훈련 등 대량난민 유입사태에 대비한 법적·제도적 정비가 요망된다.

〈문화일보, 2002. 6. 19.〉

한·미 완벽한 北核공조 기대

한동안 잠잠했던 북한의 핵 문제가 또다시 세인의 관심을 끌기 시작했다. 지난 6월 서해교전 사태로 방북이 연기됐던 미국의 제임스 켈리 특사가 평양을 다녀오면서 불거진 '북한핵 개발 시인설'이 진원지다. 북한의 핵은 이제 국내 문제를 떠나 세계적인 이슈가 되고 있다.

북한 당국은 최근 '핵 선(先)포기'를 거부하고 미국에 불가침조약을 제안하는 담화를 발표함으로써 사실상 핵개발과 체제 보장을 맞바꾸는 빅딜을 하자는 제안을 내놓았다. 물론, 미국은 이에 대해 백악관의 성명 등을 통해 거부 의사를 분명히 했다.

때마침 멕시코에서 열리고 있는 아·태경제협력체(APEC) 정상회의에 참석 중인 한·미·일 3국 정상은 27일 회담에서 북한 핵 문제와 관련, '신속하고 검증 가능한' 방법으로 핵을 폐기할 것을 촉구하고 나섰다.

일반 국민은 한동안 거론됐던 '2003년 위기설'이 새삼스럽게 다가오고 있지나 않은지 일말의 불안감을 떨쳐 버릴 수 없다. 2003년은 북한과 미국이 제네바에서 북한 핵문제를 타결지으면서 핵개발 의혹이 있는 흑연감속 원자로 대신 경수로를 공급하기로 한 시한이기 때문이다. 미국은 2003년이 '목표 시한'이기 때문에 법적인 책임이 없다는 입장이고 북한은 내년부터 당장 100만KW의 전력 손실이 예상되므로 그에 대한 보상을 받아야겠다는 주장으로 맞서고 있다.

바야흐로 남북관계에는 2개의 서로 다른 '이솝 우화'가 작동하고 있는 것 같다. 그 하나는 남한의 '햇볕정책'이다. 다른 말로는 정부의 대북 포용정책을 말하는 것인데, 그 핵심은 "나그네의 옷을 벗기는 것은 결국 바람이 아니라 햇볕"이라는 것이다. 즉 강제와 타율보다는 자율성을 존중하자는 것이다. 이 때문에 한때 북한은 남한 정부의 대북정책을 불신하기도 했으나 현 정부의 일관된 포용정책으로 나중에는 남북정상회담까지 개최하는 화답을 보이기도 했다.

다른 하나는 역시 '이솝우화'를 연상시키는 북한의 '벼랑끝 전략'이다. 필자는 이를 '늑대 소년'의 불신과 자기모순에 빠지는 불행을 자초하는 전략이라고 보고 싶다. 북한은 자신의 핵개발 문제가 국제사회에서 공식 거론되기 시작한 1989년 이래 그동안 많은 '당근'을 취해왔다. 대표적인 것이 1994년 10월의 '북·미 핵 기본 합의'이다. 무엇보다 영변의 핵시설 가동을 중단하는 대가로 100만KW짜리 경수 원자로 2기의 건설 지원과 함께 연간 중유 50만t의 대체에너지 공급을 확약받았던 것이다.

그 후 1998년에는 금창리 지하 핵의혹 시설을 빌미로 미국과 담판하여 식량 60만t를 얻어냈다. 당시에는 연이은 가뭄으로 인해 북한의 식량난이 극심한 상황이었기에 효용성 또한 그만큼 높았다.

이제 북한은 더 큰 모험을 하고 있다. 미국의 제임스 켈리 대북특사가 회담에서 농축 우라늄을 이용한 북한의 핵개발 의혹을 제기하자 강석주 북한 외무성 제1부상은 이를 사실상 시인하며 협상의 여운을 남긴 것이다. 북한이 원하는 '당근'이 원자력발전소와 에너지(중유)에서 식량(쌀)을 거쳐 북한체제(정권)의 안전보장으로 격상된 것이다.

북한의 핵무기 개발은 1991년의 한반도 비핵화 공동선언은 물론, 1994년 북·미 제네바합의 정신을 정면으로 위배하는 행태이며 6·15 공동선언의 취지에도 부합되지 않는 것으로, 어떠한 변명으로도 그것은 정당화될 수 없다.

북한 당국은 현 부시행정부보다 친화적이었던 미국의 클린턴행정부 아래에서도 2000년 북·미 미사일회담에서 북 측의 미사일 수출 중단에 대한 현금 보상을 미국이 단호히 거절했던 일을 상기해야 할 것이다. 비록 미국 행정부가 민주당에서 공화당으로 주인이 바뀌었어도 대외관계에 있어서 원칙을 중시하는 미국의 정책은 일관되게 지켜질 것이고 하물며 보수·강성의 현 공화당 부시행정부 아래에서는 두말할 나위도 없다. 이런 관점에서 최근의 신의주 행정특구 양 빈장관 임명을 둘러싼 해프닝과 함께 이번 강석주 부상의 '핵개발시인설' 파문은 그 여파가 어디까지 미칠지에 대한 사려 깊은 대응은 아니었다고 본다.

끝으로, 이와 같은 일련의 북핵파동은 한·미의 대북정책 조율에 미흡한 점은 없었는지 되돌아보는 자성의 계기도 제공한다. 다시 말해 정부의 '지나친 대북 포용'과 미국의 '지나친 대북 강성(정책)'이 빚은 양국 간 정책 조율 부조화의 자화상은 아닌지 진지하게 반성하는 자세도 아울러 필요하다.

〈문화일보, 2002. 10. 28.〉

북·미 한 발씩 양보해야

북한의 핵동결 해제 방침이 22일 영변 핵시설 봉인장치 및 감시카메라 제거 작업을 통해 실행에 옮아감으로써 이제 본격적인 북-미 대치 국면으로 치닫는 형국을 보이고 있다. 이같이 상황이 급전직하로 전개될수록 물리적인 대응책에 급급하기 쉬운 만큼 지혜로운 해결책 마련이 아쉽다.

작금의 북한 핵문제도 그것이 어제 오늘의 이야기가 아니고 지난 1989년 이래 계속되어 온 화두인데 우리는 아직도 한 치 앞을 못 내다보는 오리무중에서 헤어 나오지 못하고 있다.

북한 핵문제는 그동안 소강상태를 유지해 오다가 지난 10월 초 미국 제임스 켈리 특사의 방북을 계기로 꼬여만 가는 형국이다. 북한 외무성 강석주 부상이 켈리 특사와의 회담에서 농축 우라늄을 이용한 핵무기 개발 사실을 시인했다고 해서 미국 조야는 물론, 나라 안팎이 온통 시끄러운 판국이다.

여기서는 우선 두 가지의 핵심 이슈가 간과된 것 같다. 첫째는 미국과 같은 세계 유일의 초강대국이 동아시아의 조그만 나라 북한의 차관급 관리가 말 한 마디 했다고 해서 그렇게까지 호들갑을 떨 필요가 있었겠느냐 하는 것이다. 우라늄핵탄은 플루토늄탄과 달리 제조공정이 복잡하고 일시에 엄청난 전력을 소모하기 때문에 열추적 장치 등 현대적인 기기를 동원하여 쉽게 탐지할 수 있다고 한다.

그런데 그것을 검증도 하지 않은 상태에서 제네바합의에 의해서 지켜 오던 중유 제공을 중단부터 한 것은 순리적 대응 순서가 아니었다고 생각된다. 더구나 북한은 2003년 완공 예정인 신포의 경수로 공급이 뒤로 미뤄지게 됨으로써 예상되는 전력 손실에 대한 보상 문제를 미국에 제기해 놓은 상태다.

둘째는 강석주-켈리특사와의 회담에서 북 측이 우라늄 농축 핵 개발(시도) 사실을 인정하면서 시종일관 이 문제를 대화와 협상을 통한 평화적인 방법으로 해결하겠다는 신호를 보냈다는 것이다. 다시 말해서 강석주는 문제와 해답을 동시에 제시한 것이나 다름없다. 이에 대해 미국은 북한이 핵 개발을 먼저 포기하지 않는 한 협상이나 대화는 있을 수 없다는 입장으로 맞서고 있다. 즉 북한의 '선 대화·협상, 후 핵포기' 주장과 정면으로 대치되는 것이다.

이 문제도 결국은, 미국이 부시행정부 출범 이래 계속 강조해 온 '검증 가능한 방법'으로 북한의 대량 살상무기 폐기를 확인하겠다는 대북 정책 목표를 실현시키려고 한다면, 북한의 불가침협정 체결 제의를 받아 일괄타결이 가능하다고 본다. 북한은 이미 관영 언론 등 여러 경로를 통해 그들의 핵 포기로 경제적 보상을 원하는 것이 아니라는 메시지를 미국 측에 전달하고 있다. 다시 말해 체제 유지가 절체절명의 과제라는 것이다.

그러면 미국이 북한의 불가침협정 제의를 받아들여 '사찰과 검증 가능한 방법'을 동원, 북한의 핵 개발을 완전 포기하게 만드는 데 무슨 문제라도 있는 것일까. 즉 불가침협정이 북·미 간에 어떤 함의를 갖느냐 하는 문제다. 미국이 불가침협정에 응해 준다고 해서 크게 잃을 것이 없다.

미국은 이미 북한에 여러 문건을 통해 '불가침'을 약속하고 있다.

1994년의 제네바 핵 합의에서 북한에 핵 불사용·불위협을 약속했으며, 2000년 10월 북한 조명록 차수의 방미 시 공동성명을 통해 양국 간 적대 관계의 종식을 선언하기도 했다. 조지 W 부시 미국 대통령도 지난 2월 방한 시 북한 침공 의사가 없다고 밝혔고, 핵 문제가 불거진 지난달에도 대북 특별성명을 통해 같은 입장을 재천명했다.

유엔헌장 제2조 3항은 모든 회원국은 국제분쟁을 평화적 수단에 의하여 해결한다고 규정하고 있는바, 미국과 북한은 유엔 정회원국으로서 간접적으로 불가침을 약속하고 있는 것이다. 따라서 미국의 입장에서 이른바 '검증 가능한 방법'을 통해 북한의 핵무기 등 대량 살상무기 통제가 실현될 수만 있다면 단지 선언적 의미밖에 없다.

뿐만 아니라 실질적으로 대북 불침공 의사를 여러 차례 밝혔고, 또 현실적으로도 대북 무력 제재가 지난한 일이라면 북한이 제의한 북·미 불가침협정과 한반도 평화를 맞바꾸어도 손해날 것이 별로 없다는 것이다. 이러한 견지에서 미국 정부의 보다 전향적인 북핵 대응책을 기대해 본다. 명분을 주고 실리를 챙기는 그런 적극적인 대책이 아쉽다.

〈문화일보, 2002. 12. 23.〉

외교본질과 특검의 충돌

'대북 송금 의혹'에 대한 특검 수사 과정에서 150억 원 비자금 수수설로 관계자가 구속되는 등 법적 공방이 일고 있는 가운데 특검팀의 수사기간 연장론이 제기돼 새로운 국면을 맞고 있다. 그러나 역시 초미의 관심은 김대중 전 대통령에 대한 조사 여부에 관한 것이다.

조사에 찬성하는 측은 '법 앞에 성역이 없다'는 주장을 내세우며 이를 철저히 규명해야 한다는 입장인 반면, 반대론자들은 고도의 정치적 결단에 의한 국가 통치행위의 일환이므로 사법적 심사의 대상으로 삼아서는 안 된다는 것이다. 이러한 논란은 지난 3월 대북 특검법의 국회 심의 과정에서도 나왔던 것으로, 새삼스러운 일이 아니다. 그러면 왜 특검 막바지에 이르러 논란이 재연되게 됐을까. 여기에는 몇 가지 그릇된 판단이 개재됐다고 본다.

첫째, 외교의 본질에 관한 것이다. 국가 간에 대립되는 이해 조정을 목적으로 하는 외교에는 설득·흥정·압력 등의 수단이나 타협이 불가피하다. 그런데 그러한 교섭의 비밀내용을 건드리지 않고 대북 송금의 실체적 진실을 밝힐 수 있다고 생각했다면 오산이라고 할 수밖에 없다.

따라서 대북 송금 관련 부분은 특검 수사 대상에서 제외한다는 타협안은 현실적으로 지켜지기 어렵다. 즉 내 몸에 물을 안 묻히고 도

랑을 건너겠다는 것이나 다름없다. 정보 자유화법(FOIA)이 오래전
부터 시행돼 오고 있는 미국에서도 대통령의 외교 교섭 내용은 25년
이 지나야 비밀 해제될 수 있다. 그것도 주권이나 군사 사항에 관한
것은 제외되는데 우리의 경우 이제 3년밖에 안 된 정상회담 교섭 비
사를 낱낱이 천착하는 것이 과연 현 상황에서 국익에 얼마나 보탬이
될지 의문이다.

둘째, 주지하듯이 특검은 노무현정부 출범 초기 여야 격돌의 정국
을 완화하기 위한 '정치적 타협'의 산물이었다는 것이다. 통치행위에
기초한 실정법 위반 사례는 김대중정부 이전에도 있어 왔기 때문에
사법적 심사의 대상이 되지 않는 원칙의 문제다. 그럼에도 정치적
상황변수가 개입됨으로써 결국은 다시 정치적 타협의 대상이 되는
악순환을 가져오게 된 것이다.

한 예로 1970년대 초 서슬이 퍼렇던 국가보안법, 반공법이 살아
있던 당시 간첩 잡는 것이 주 임무였던 정보기관 책임자 이후락 씨
가 북한을 다녀온 것이나, 1980년대 장세동 씨의 평양 방문도 실정
법 위반이기는 마찬가지이나 통치행위의 일환으로 보기 때문에 문제
가 되지 않는 것이다. 현 노무현정부의 각료 중 사법 집행의 책임을
맡고 있는 법무장관도 전임 대통령의 외교행위(통치행위)에 대한 특
검 진행은 잘못이라고 하지 않았던가.

셋째, 남북정상회담이라는 중차대한 문제를 놓고 대통령의 몇몇
보좌진이나 현대아산 관계자가 대통령의 지시 없이 움직였다는 상황
설정이 불가피한데, 이 또한 한계가 있는 것이다. 따라서 보좌진의
송금 관련 협조나 방조는 포괄적 위임 관계에서 대통령의 행위 자체
로 보아야 마땅하지 않겠는가.

넷째, 현재 문제가 되고 있는 대북 송금액 5억 달러는 과거 노태

우정부 시절 옛 소련과 수교하기 위해 우리가 지원키로 한 30억 달러에 비해서도, 특히 그동안의 남북관계 개선을 감안할 때 그리 큰 액수는 아니라는 것이다. 참고로 정부는 지난 1995년대 러시아 경협 차관 미회수금(22억 달러) 중 일부인 4억 6000만 달러를 탕감해준 바 있다.

'외교론'의 저자 해럴드 니컬슨은 "외교는 협상을 통해 국제관계를 관리·해결해 나가는 것"이라면서 이를 '기술(art)'로 간주했다. 남북 정상회담 이후 금강산 육로관광을 비롯하여, 최근의 경의선·동해선 연결 등 획기적인 남북 교류협력의 진전이 있어 왔음을 상기할 때 대북 송금은 '기회비용'이었음을 인정해야 할 것이다.

물론 경위야 어떻든 대통령이 공포까지 한 특검법에 따라 두 달여 수사가 진행돼 온 현실을 되돌릴 수야 없겠으나 국익이라는 큰 틀에서 교각살우의 우를 범해서는 안 될 것이다.

혹자는 정부의 대북 송금이 결국 북한의 대량살상무기 제조나 대남 군사위협을 가중시키는 데 쓰였기 때문에 문제가 된다고 하나 이런 논리라면 북한에 대한 인도적 지원은 물론 금강산관광 등 모든 경협교류 사업을 중단해야 마땅한 것 아닌가.

노무현정부는 전임 정부의 '햇볕정책'을 계승한다고 하면서 특검법을 수용했다. 이는 대북관계에 있어서 국가 이익을 적절히 고려해야 함에도 불구하고 전통적으로 대통령의 고유영역인 외교행위까지 사법적 심판의 대상으로 삼게 함으로써 결과적으로 '빛바랜 정책'으로 만들려는 일각의 노력에 손을 들어준 격이 아닌가 한다. 소신과 원칙에 강한 정부, 그 대통령이 되겠다는 대선 유세 당시의 '노무현후보'의 고귀한 뜻을 다시 한 번 기려본다.

〈문화일보, 2003. 6. 20.〉

'피랍사태' 사전대비 미흡했다

6월 30일로 예정된 주권 이양을 앞두고 이라크 내 저항세력의 무차별 테러 행위가 극에 달한 느낌이다. 현재 생사가 불분명한 한국인 김선일 씨 피랍도 그 와중에 일어난 비극적 사건의 하나다. 정부가 김선일 씨 구명을 위해 총력을 기울이고 있기는 하나 아직 확실한 결과는 예측 불허의 상황인 것 같다. 이번 피랍사태를 당하여 사후보다는 정부의 사전적 대책이 미흡하지 않았나 하는 자문과 함께 몇 가지 소회를 갖게 된다.

우선, 폭력의 확대 재생산이라는 비극이 이라크 무차별 테러에서 여실히 드러나고 있다. 정확한 통계는 없으나 이라크에서 죽고, 죽이는 참극은 미군 1명에 이라크인 100명꼴로 사상자가 발생하고 있다는 것이다. 한국인 희생자도 이 와중에 발생함은 물론이다. 사정이 이렇다면 미군이 이라크에 민주주의와 평화를 재건하기 위해 들어갔다는 말이 무색해진다.

지난 17일의 김선일 씨 피랍을 전후한 상황도 심상치 않다. 즉 19일 미군은 자국인 1명이 참수당한 데 대한 보복으로 알 자르카위의 팔루자 은신처를 폭격, 이라크인 18명이 숨지게 했고 같은 시기에 이웃 사우디아라비아에서는 알카에다의 사우디 총책으로 알려진 알 무크린이 정부군에 의해 사살됐다. 이러한 일련의 사태는 김선일 씨 구명을 어렵게 만들 수도 있다는 우려를 갖게 한다.

다음으로, 정부와 정치권의 대응과 관련한 것이다. 먼저, 정부의 사후 조치보다는 추가 파병을 공식 발표하기 이전에 좀더 철저히 대비했더라면 김씨 피랍과 같은 비극을 미연에 방지할 수 있지 않았을까 생각해 본다. 무엇보다 문제의 팔루자 지역은 지난 4월 한국인 목사 일행 7명이 납치됐다가 극적으로 구조된 곳이다. 미국인 시신 훼손 사건으로 더욱 유명해진 이 지역은 반미 저항의 상징처럼 돼 있는데, 인구 30만 명의 90%가 수니파로 저항세력의 활동이 가장 활발한 곳이어서 과도정부가 '비상사태'선포를 고려하고 있기도 하다. 이런 지역에서 두 번째로 한국인 피랍사건이 일어난 것이다.

사실, 우리는 이라크사태 이전에 이미 테러에 대비하여 테러방지법을 추진하고 정부에 총리가 위원장인 테러대책위원회까지 두고 있어 시스템상으로는 문제가 없다. 다만, 이를 평시에 어떻게 운용하느냐가 문제다. 일부 언론에서 지적하는 것처럼 한국 정부가 이라크 파병을 공식 발표한 것이 지난 18일이었고 이라크 내 교민들에게 테러 피해 주의령을 내린 것은 그 다음날인 19일, 김선일 씨가 피랍된 날은 17일이었다는 것이다. 여기서 정부의 현지 교민 테러 피해 방지책이 사전에 좀더 치밀하게 짜였더라면 하는 아쉬움이 남는다.

국가정보원이 주도한 테러방지법은 9·11사태 이후 유엔 안보리 산하 대테러위원회가 가동되면서 각국에 해마다 테러 관련 보고를 의무화시킨 데 따른 것이다. 2002년 월드컵을 성공적으로 개최한 한국으로서는 또 다른 안전 대책 차원이라는 의미도 물론 없지 않았다. 어쨌든 여기에는 대테러대책위원회뿐 아니라 정부 주요 부처에 테러상황실을 운영하도록 돼 있다. 요컨대, 우리는 하드웨어는 갖추고 있으면서 소프트웨어의 활용에 미진하지 않았나 하는 느낌을 지울 수 없다.

한편, 제1 야당인 한나라당이 수도 이전 문제에 당력을 집중하느라 많은 시간을 할애한 반면 소중한 인명의 생사가 걸린 김선일 씨 피랍사건에 의례적인 대응을 했다는 보도는 대학 교수들과 시민단체가 구명운동에 적극 나섰다는 소식과 대조되어 마음이 편치 않다.

끝으로, 정부가 '평화재건'의 성격임을 강조하며 추가 파병을 예정대로 추진한다면 앞으로도 제2, 제3의 김선일 사건이 일어날 가능성을 배제할 수 없을 텐데 그때마다 온 나라가 충격과 혼란에 빠지는 일은 피해야 할 것 아닌가. '사후약방문'이나 '소 잃고 외양간 고친다'는 우리 조상의 삶의 격언을 다시 한 번 생각해 보는 이유다.

〈문화일보, 2004. 6. 22.〉

한·미 관계 신속히 대응해야

미국 역사상 가장 첨예한 대결의 장으로 기록될 제44대 대통령 선거가 막을 내렸다. 이번 선거가 같은 집안의 부부간, 또는 부자간에도 부시와 케리 지지로 나뉘어 심각한 대립 양상을 보이고 있다고 외신은 보도하고 있다.

공화, 민주 양당 후보의 박빙의 접전 지역인 플로리다와 오하이오 등지에선 흑색선전, 투표 방해행위 등 각종 선거 부정행위가 사상 유례없는 수준으로 벌어져 선거 결과에 관계없이 후유증 또한 만만치 않을 것으로 보인다.

광복 이후 반세기 동안 정치·외교, 군사, 경제 등 국가 사회의 전 분야에 걸쳐 우리와 가장 밀접한 관계를 맺어 온 미국의 대통령 선거에 관심을 갖는다는 것은 지극히 당연한 사실이지만 제2의 북핵 위기를 맞게 되고 경제 또한 어려운 입장에 처해 있는 한국으로서는 이번 선거가 어느 때보다 더 각별하지 않을 수 없다.

사실 양당제의 뿌리가 깊은 미국 정치에서 대통령이 바뀐다고 해서 이 나라의 대내외 정책이 하루아침에 달라진다고 할 수는 없다. 대선 후보의 입장에서 되도록 많은 표를 획득하기 위해서는 '극단'으로 가기보다는 중도적인 정책을 택하는 경향이 있게 마련이어서 어떤 학자는 미국의 정치를 민주주의라는 말 대신에 '교대주의(Alterocracy)'라는 표현을 쓰기도 한다.

이 같이 큰 틀에서는 미국의 대내외 정책 변화가 많지 않겠지만 '무게의 중심'을 어디에 두느냐 하는 데에는 두 후보 간 차이가 있기 때문에 결과적으로 한국의 안보나 경제 현안에 직·간접적인 영향을 상당부분 미치게 된다.

우선, 경제 측면에서 본다면 우리가 올해 수출 2000억 달러 시대를 맞았다고 하나 선진국으로 유일하게 연간 100억 달러 이상의 흑자를 기록하고 있는 나라가 미국인데 민주당의 케리가 당선될 경우 보호무역주의 경향이 강화돼 미국과의 무역 마찰이 심화될 개연성이 높다는 것이다. 특히, 강력한 무역교섭 수단인 슈퍼 301조의 부활이 예상되며 대한(對韓) 서비스시장 개방 압력이 배가될 것으로 우려된다. 한편, 우리 경제의 발목을 잡는 유가는 케리 후보 당선 시 중동의 석유공급선이 상대적으로 안정화되면서 하락세에 접어들 것으로 보인다.

우리에게 이 같은 경제 분야보다 더 사활적 이해가 걸려 있는 것은 당면한 북핵 위기의 해법에 관한 것이다. 일부에서는 2008년 전쟁위기설까지 제기하고 있는바 미국과 북한의 이해관계가 날카롭게 맞서 있어 해결의 실마리가 쉽게 풀리기 어렵기 때문이다. 이와 관련, 케리는 부시의 6자회담 등 다자 틀을 유지하는 가운데 북한과 직접적인 대화를 적극 시도하겠다는 의지를 표명하고 있어 그 귀추가 주목된다.

이 경우 북한의 김정일 국방위원장이 심기일전 화답하여 이른바 '광폭정치' 역량을 발휘한다면 과거 클린턴행정부 때와 같은 획기적인 전기가 마련될 수도 있으나 핵폐기의 검증 문제(CVID 포함)가 걸려 있어 낙관을 불허한다. 부시와 마찬가지로 케리도 최종 선택으로서 '선제공격권'을 배제하지 않는다는 방침이 있기 때문이다.

부시 재선의 경우에도 북핵 문제는 표면상으로는 유엔 안보리 회

138

부 등 다자주의(multilateralism)의 양태를 띠게 될 것이나, 내면적으로는 예의 일방주의적 강성정책이 탄력을 받게 됨으로써 내년 상반기부터 한반도의 긴장이 높아질 가능성이 상존한다. 그러면 내년 1월 미국의 새 행정부가 출범하기 전 우리의 당면 과제는 무엇일까?

부시행정부 2기에서는 기존의 외교안보 협의 채널을 통해 긴밀한 협력을 취해 가면 되겠지만, 케리 당선의 경우에는 그를 포진하고 있는 외교안보 자문팀(랜드 비어스 외교안보 보좌관, 애슈턴 카터, 리처드 홀부룩 등)을 중심으로 한 새로운 협의 채널을 마련하고 이를 위한 합동대책반(TF, 통일, 외교, 국방, NSC 등)을 구성해 적극적으로 대처해 나갈 필요가 있다.

〈문화일보, 2004. 11. 3.〉

국가원수와 외교의 본질

뚝배기보다 장맛이라 했던가. 최근 들어 노무현 대통령이 행한 일련의 안보외교적 발언이 이 같은 우리의 속담을 떠올리게 한다. 지난 2월 말 공군사관학교 졸업식에서 밝힌 '동북아균형자'론에 이어 23일에는 청와대 홈페이지에 실린 '온라인' 대국민 서신이 국내외에 큰 파장을 일으키고 있다.

특히, 대통령의 '한·일관계 관련 국민에게 드리는 글'은 "역대 양국 관계에서 유례를 찾을 수 없는 초강경 발언"이라는 일본 외무성의 반응과 함께 일부 외신들도 한국이 일본에 전면적인 외교전쟁을 선포했다고 보도할 정도이다.

필자를 포함한 우리 국민 대다수는 노 대통령의 발언 취지에 대체로 찬동하고 공감한다고 생각되지만 북핵사태 등 민감한 시기에 굳이 대통령이 나서서 대립각을 세우는 단호한 입장 표명을 그렇게까지 할 필요가 있었겠는지에 대해서는 다수의 회의적 시각이 동시에 있는 것 같다. 즉 내용물도 중요하지만 어떠한 계제에 어떤 포장과 용기(容器)에 담느냐 하는 것도 그에 못지않게 중요하다는 것을 이른다.

우선 '동북아균형자' 역할론만 해도 그렇다. 노 대통령 발언의 취지는 최근 동북아시아에서 중국을 위요한 미·일의 동맹강화 움직임 등으로 역내의 패권(hegemony) 다툼이 노골화되고 있는 상황에서 우리의 국익 수호를 위해 보다 신축적인 외교 자세를 취하겠다는 것인데, 여기서 '균형자(balancer)'라는 말은 국제관계 이론상으로도 적합한 용어가 아니다.

원래 '균형자'라는 말은 18~19세기 영국의 유럽대륙국 정책의 하나로 현상유지 정책이라고도 불리는데, 독일계의 합스부르크(Habsburg)가와 프랑스계의 부르봉(Bourbon)가의 세력 다툼 사이에서 힘이 약한 쪽을 지원하는 정책을 취한다는 의미에서 유래된 것이다. 그 후 나폴레옹전쟁 때는 영국이 5국체제의 현상유지를 택함으로써 프랑스를 존립시키는 데 기여하기도 했다.

한국은 국제법상 미국의 동맹국이기 때문에 원초적으로 '균형자'의 자격이 없으며 대통령의 발언 취지에 충실한다면 '완충역할(buffer zone)'이나 '비스마르크'식 '정직한 중재자(honest broker)'가 더 적절한 용어이다. 완충 역할이나 중재자 역할은 동맹 여부에 관계없이 가능하기 때문이다.

외교학의 고전인 '외교론'의 저자 해럴드 니컬슨 경은 "외교는 협상을 통해 국제관계를 관리·해결해 나가는 것"이라면서 이를 '기술' 내지 '예술(art)'로 간주했다. 같은 맥락에서 실제로 외교가에서 나도는 격언 중에 외교관의 완곡한 간접화법을 혼기를 앞둔 처녀가 남자를 대하는 태도에 빗대어 지은 유명한 이야기가 있다. 처녀는 '예스(Yes)'를 말하지 않으며, 외교관은 '노(No)'를 말하지 않는다는 것이다. 처녀가 함부로 '예스'를 하면 스스로를 비하하는 것이기 때문이고, 외교관이 '노'를 말하는 것은 상대국에 '비례'를 저지르는 것이기 때문에 그렇다는 것이다(외교관이 '노'라고 응답할 상황에서는 'may be'를 씀).

사정이 이럴진대 외교전사인 일본 현지의 한국 대사도 아니고 본국의 외교장관도 아닌, 대통령이 직접 나서서 진두지휘하는 외교전

은 현재의 국내외 여건상 득보다 실이 더 많을 수도 있음을 간과해
서는 안 될 것이다. 물론, 대통령의 온라인 담화문에서도 우리 국민
이 감정적 대응을 자제하고 끈기와 인내심을 가지고 대처해 나가자
는 당부 말씀이 있기는 하지만, 기실 국내외 언론의 주목을 받는 부
분은 단호하고 강경한 어조 그 자체이기 때문이다. 결론적으로, 예쁜
포장이나 용기는 공산품에만 해당하는 게 아니라 외교·안보의 메시
지에도 비유적으로 해당됨을 깨닫게 된다.

　물론 노 대통령의 발언에 대해 고이즈미 준이치로(小泉純一郎)
일본 총리가 '한국 국내용'이라고 한 말도 이 범주를 벗어나지는
않는다.

〈문화일보, 2005. 3. 25.〉

북핵합의 北·美 이견과 과제

　베이징 6자회담의 공동성명이 나온 지 만 하루도 되지 않아 북한과 미국이 '핵 포기'와 '경수로 제공' 시기를 놓고 서로 정반대의 입장으로 맞서 일대 격돌 양상을 보이고 있다. 1994년 제네바 합의와는 달리 이번 북핵 4차 6자회담에서는 한국이 나름의 주도적인 외교역량을 발휘하여 결실을 본 것인데 아직 이행의 실마리도 찾지 못한 상황에서 벌써부터 마찰음이 들린다.

　공동성명의 문리해석에 따른다면 북한을 제외한 한·미·일 등 5개국의 의견이 일치하는 바대로 북한의 핵확산금지조약(NPT) 복귀가 시기적으로 선행돼야 함에도 북한이 '선 경수로 제공'의 '억지 주장'을 하는 이유는 무엇일까? 외신이나 일부 분석가들은 11월 초로 예정된 5차 6자회담의 이행협상 전략 차원에서 유리한 고지점령을 위한 사전포석이라고 보고 있다. 그러나 여기에는 단순한 협상 차원 이상의 근원적인 변수가 개재돼 있다. 즉 그 배후에는 미국에 대한 불신의 골이 깊은 북한 군부 강경파의 입김이 강하게 서려 있는 것이다. 몇 가지 가설을 제기해 본다.

　우선, 북핵 6자회담은 미국 부시 2기행정부가 출범한 직후인 지난 4월부터 북한 군부가 전면에 나서서 전담·관리하는 체제로 바뀌었다는 것이다. '뉴욕타임스' 등 외신에 따르면 지난 8월 초에 열린 6자회담 1단계회의가 결렬된 것은 군부가 평화적 핵이용권을 배제한 이른바 '4차초안'을 반대했기 때문이라고 한다. 이 같은 상황 판단은 북한을 전후 8차례나 방문하여 당·정·군의 요인들과 장시간 만났던 미국의 한반도 문제 전문가 셀리그 해리슨의 주장이기도 하다.

북한 군부는 6자회담과 같은 시기에 평양에서 열린 제16차 남북장관급회담에서도 공동보도문 조율 과정에 개입, 일부 문구를 수정하여 '남북 군사회담의 개최를 군사당국에 건의하는 것'으로 표현을 희석시켰다는 후문이다.

그러면 베이징 6자회담의 공동성명 발표 하루 만에 북한이 핵심 내용의 주요 부분을 번복한 배경은 무엇인가? 이는 무엇보다 중국이 중재안을 내놓고 강력하게 합의를 종용하는데다 회담 파국의 책임을 북·미 가운데 어느 한 나라가 지게 돼 있는 절박한 상황에서 미국이 그토록 피하던 경수로 제공의 개연성을 수용함에 따라 군부와 충분한 협의 없이 이뤄진 합의였기 때문이다.

북한 군부 강경파의 대미 불신은 기본적으로, 1994년 제네바 합의가 '북한의 붕괴'를 전제로 한 불온한 합의였다는 인식과 함께 2002년 '부시 핵 선제공격 독트린'과 이를 보다 구체화한 최근의 미국 펜타곤 '합동핵작전 독트린' 등을 통한 대북 압박설에서 비롯됐다. 이 밖에 2004년 10월의 미국 의회 북한인권법 통과, 최근의 레프코위츠 인권특사 임명 등 대미 불신을 가중시킨 것도 무관치 않다.

바로 이런 이유 때문에 북한은 한·미 측의 신포 경수로 프로젝트를 대신하는 200만㎾ 전력 송출 제의를 '천진난만'한 생각이라고 비하하면서 '경수로 제공 없는 핵억제력 포기'는 꿈도 꾸지 말라고 했던 것이다. 한마디로 북한 전력의 절반을 남한에 의지한다는 것은 군부의 입장에서 안보상으로 수용할 수 없다는 것이다. 북한이 미국 측에 대해 '경수로 제공'을 대미 신뢰의 징표로 삼겠다는 것은 미국에 대한 그와 같은 뿌리 깊은 불신을 대변하는 것으로 향후 5차 6자 회담의 항로가 순탄치만은 않을 것임을 시사한다.

특히 5차 6자회담의 이행단계 협상에서는 남한의 경제적 부담 문제도 진지하게 검토해야 한다. 공동성명에 따르면 남한은 200만KW의 전력을 제공하고 에너지(중유)도 제공하는 것으로 돼 있으며, 필요에 따라서는 새로운 경수로 제공에도 비용을 부담할 수 있는 상황이기 때문에 이 문제에 대해서는 관계 요로의 지혜를 모아 슬기롭게 대처해 나가야 할 것이다.

최근 한국 경제가 어려워 세금도 잘 걷히지 않는 상황에서 경수로 건설기간을 감안하면 최대 12조 원이라는 엄청난 비용 부담과 함께 신포에 이미 투입된 1조6000억 원의 공사비가 사장되는 허망한 일이 되기 때문에 비용 분담도 큰 현안임에 틀림없다.

〈문화일보, 2005. 9. 22.〉

반기문 유엔사무총장 – 의미와 과제

　반기문 외교통상부 장관이 유엔 사무총장으로 사실상 확정됐다는 소식은 기쁘고 감격적인 일이 아닐 수 없다. 근대 '평화론'의 창시자 이마누엘 칸트가 200여 년 전 전쟁 없는 세상을 만들자는 취지에서 제창했던 '자유국가 연합'(세계정부)에 가장 근접한다는 범세계적 기구인 유엔의 수장이 한국에서 나오게 됐다는 것은 정부 수립 이후 최대의 국가적 경사라 해도 과언이 아니다.

　1945년 6월 유엔헌장 제정의 산파역을 맡았던 프랭클린 루스벨트 미국 대통령이 '세계의 중재자'로 불렀던 유엔 사무총장은 그 후 '지구촌 재상' '세속의 교황' 등으로 그 막중한 역할을 대변해 왔다. 이번의 외교적 쾌거는 우리의 눈부신 경제 발전, 민주주의 신장, 반 장관의 개인적 능력에 힘입은 바 크다고 할 수 있다. 이 밖에도 두 가지 더 각별한 의미를 갖는다.

　첫째, 전통적으로 유엔 사무총장은 5대 안보리 상임이사국의 거부권으로 인해 중립·비동맹 성향의 약소국 출신이었음에 비해 이례적으로 미국의 군사동맹국인 한국이 맡게 됐다는 점이다. 이는 무엇보다 탈냉전 이후 한국이 추구해온 실용적 다변화 외교가 결실을 본 것이다. 특히 반 장관 자신이 외교 사령탑으로 진두 지휘한 베이징 6자회담에서 9·19 공동성명을 성공적으로 이끌어낸 경험은 우리 외교의 개가라고 불릴 정도로 한국의 막후 중재 역할이 결정적이었음은 잘 알려진 사실이다.

둘째, 과거의 사무총장 선임은 5대 상임이사국 중심의 비공개 협의가 중시되는, 투명성이 결여된 것이었다. 그러나 이번의 제8대 유엔사무총장은 선출 과정의 투명성과 책임성을 높이자는 캐나다와 다수의 국제 비정부기구(NGO)의 요청을 받아들여 4차례의 예비투표(straw poll) 등을 실시함으로써 절차적 정당성을 강화한 가운데 선임됐다는 점에서 더 값진 소득이 아닐 수 없다.

유엔 사무총장의 임무와 역할에 관해서는 유엔헌장 제15장의 규정에 따르나 실제로는 총장 개인의 역량과 시·공간적인 국제환경에 많이 좌우되는 편이다. 우선 유엔의 수석행정관으로서 임무 수행에 있어 출신 국가를 포함, 어느 정부나 국제기구로부터 공평무사할 것을 요구받는다.(유엔헌장 제97조 및 제100조)

이 밖에 6만여 전세계 유엔 산하 기구 직원들의 수장임은 물론 10여 만 명의 유엔평화유지군 최고사령관 역할까지 맡고 있어 해마다 유엔총회에 활동 결과를 보고하고, 안보리에는 국제 평화와 안전에 관한 의견을 개진할 수 있다.(헌장 제98~99조) 헌장의 포괄적인 역할 규정으로 인해 사무총장의 직책은 그 활동영역(외연)을 한없이 확대할 수도 있고, 소극적 무사안일주의에 빠질 수도 있는 양면성을 가지고 있다. 요컨대, 중용지도가 바람직한 까닭이다.

유엔총회가 1994년 이래 5개 실무위원회를 두고 벌여온 유엔 개혁 문제도 사무총장이 주관할 사업임은 물론이다. 안보리 확대 개편, 총회 기능 강화, 사무총장의 권한 위임 문제 등 회원국들의 이해가 상충하는 사안들이 산적해 있다. 이 가운데서 핵심적인 총회와 안보리 기능 개편 문제는 서방 강대국과 77그룹을 중심으로 한 비동맹·개도국 간의 첨예한 의견 대립으로 접점을 찾기 어려운 상황이므로 중진국(middle power) 출신인 한국인 사무총장의 창의적인 역할이 요구된다.

이와 함께 우리 정부로서는 2005년 9월 유엔 밀레니엄 정상회의에서 채택된 발전계획에 따라 2010년까지 공적개발원조(ODA)를 현재보다 10배 가까운 국내총생산(GDP)의 0.5%, 2015년까지는 0.7%로 상향조정하는 일 또한 사무총장 배출국으로서 시급히 대처해 나가야 할 과제다. 그리고 지난해 말 현재 평화유지활동(PKO) 분담금 체납액(1억 950만 달러)을 포함, 약 1억 3000만 달러의 유엔 분담금을 조기에 완납해야 하는 일도 남아 있다.

〈문화일보, 2006. 10. 9.〉

2·13 합의와 테러 지원국 해제 문제

베이징의 6자회담 타결 소식과 더불어 15일 개성에서 열린 남북 실무대표 접촉에서 27일부터 평양에서 장관급회담을 개최하기로 합의하는 등 2·13 합의에 발맞춰 남북관계도 빠르게 해빙 국면으로 접어드는 느낌이 든다. 1989년 9월 프랑스 상업위성의 영변 핵시설 사진 공개로 비롯된 북한 핵문제는 1991년 남북비핵화 공동선언, 1994년의 북·미 제네바합의 등을 거치면서 남북관계 진전의 관건이 돼 왔기 때문에 이번에도 예외는 아니라고 생각된다.

그러나 지난 15년의 그릇된 북한 핵외교 행태에 비춰볼 때 이번 합의의 장래를 결코 낙관할 수 없다는 게 비단 필자만의 심정은 아닐 것이다. 이번 합의의 핵심 키워드로 알려진 '불능화(disabling)' 조치만 하더라도 비록 '성과급'형태의 유인책이 마련돼 있다고는 하나 완료시점이 획정돼 있지 않고 제네바합의를 파기하는 단초가 됐던 고농축우라늄(HEU) 문제에 관한 언급도 없는 등 도처에 복병이 도사리고 있는 형국이다.

그 가운데 하나가 '보상' 차원에서 논의되고 있는 테러지원국 해제 문제다. 잘 알려진 대로 미국은 KAL기 폭파사건(1987년) 직후인 1988년 1월 북한을 국제 테러지원 국가로 규정해 강력한 제재조치를 취해왔다. 테러지원국 지정은 미 국무부가 '반테러법'(1979년 제정)에 따라 1986년 이래 매년 의회에 제출하는 연례 테러리즘 보고서

(Patterns of Global Terrorism)를 통해 공표해 왔다.

이에 따라 북한은 미 측에 '대북 적대시 정책' 철회를 명분으로 먼저 테러지원국 리스트에서 자국을 삭제해 줄 것을 요구하며 한때 이를 2차 6자회담 참가의 전제조건으로 내걸기도 했다.

미국과 북한은 9·11 테러 이전인 2000년 3월 이래 세 차례에 걸쳐 이른바 북·미 테러지원국 해제 협상(테러회담)을 열고 양국 간 공동성명(2000. 10. 6.) 등을 통해 유엔의 반테러 관련 국제협약 가입 방침을 천명한 바 있다. 이어 김정일 특사로 미국을 방문한 조명록 차수는 북·미 공동코뮈니케(2000. 10. 12.)를 통해 테러에 반대하는 국제사회의 노력에 동참한다는 뜻을 밝혔다. 북한이 2001년 말 '테러자금조달억제에 관한 국제협약'과 '인질억류방지에 관한 국제협약' 등 2개의 주요 반테러 국제협약에 가입한 것은 이 같은 움직임에 따른 것이다.

미국은 북한과의 테러회담에서, 테러지원국 명단에서 제외되기 위해서는 ▲현재 및 미래에 테러를 하지 않겠다는 입장 표명 ▲최근 6개월간 테러를 하지 않았다는 확인 ▲테러방지 국제협약 가입 ▲과거행위에 대한 필요한 조치 등 4가지 조건을 충족시켜야 한다는 입장을 강조해 왔다. 이 가운데 '과거행위'를 제외한 나머지 3가지 조건 부문에서는 북한이 최근 들어 이들 조건을 충족시키려는 노력을 해왔다고 미 국무부는 보고 있다.

문제는 과거의 행위에 관한 것인데 이는 1970년 일본항공 요도호 납치범 본국 송환 문제와 요코타 메구미 등 일본인 납치 피해자 문제를 지칭하는 것이다. 일본은 이미 오래전부터 납치 문제의 선결을 미 측에 강력히 제기함으로써 결과적으로 북한을 테러지원국으로 남게 하는 데 일조(?)해왔다. 이번 2·13 합의에서도 일본은 납치 문제를 빌미로 대북 에너지 지원을 거부했다.

이 문제는 앞으로 후속 협의체의 하나인 '북·일, 북·미 관계정상화' 실무그룹(WG)회의에서 다뤄질 것으로 보인다. 그러나 북·미·일 3국 간에 이해관계가 첨예하게 대립되는 상황이어서 '불능화'의 완료시점 획정 문제와 더불어 2·13합의의 이행과정에 최대의 쟁점이 될 것인바 주밀한 대응책이 요구된다.

〈문화일보, 2007. 2. 21.〉

核주권과 '비확산' 외교

우리 속담에 '초상집에 가서 밤새도록 곡하고 아침에 누가 죽었느냐 묻는다'고 한다는 말이 있다. 9월 초부터 연이어 터져 나온 한국의 우라늄, 플루토늄 등 핵물질실험 뉴스와 전략물자인 시안화나트륨의 북한 유입설이 국내에 커다란 파장을 일으키고 있다.

우리 정부의 '비확산'외교에 적신호가 온 것이다. 어떤 상황에 몰입해 있다 보면 문제의 핵심을 비켜가기 쉽기 때문에 이번 사태의 원인진단과 사후처방을 다음의 몇 가지로 정리해 본다.

우선 핵물질 실험과 관련, 원초적인 잘못은 1991년의 남북비핵화 공동선언이다. 당시 남한의 원자력발전이 총발전량의 47.5%를 점하고 있던 시절 원자력 산업에 필수적인 우라늄농축과 폐연료 재처리 권한을 포기한 것이다.

농축·재처리는 원자력의 평화적 이용을 위해서, 특히 우라늄의 채광, 정련에서 시작하여 방사성폐기물처리에 이르기까지 핵연료 주기를 완성하기 위해서는 불가결의 과정인데 이를 포기한다고 한 것은 한치 앞을 못 내다본 처사였다.

한국이 1982년에 플루토늄 추출실험을 했다는 보도가 이를 반증한다. 핵비확산의 모체인 핵확산금지조약(NPT)이나 각종 비핵지대조약(NWFZ), IAEA헌장 그 어디에도 농축·재처리를 금지하는 규정은 없다.

둘째, 이번에 문제가 된 IAEA의 추가의정서에 관한 것이다. 우리 정부는 2월에 서명한 '추가의정서(Additional Protocol)'에 따라 과거의 핵물질실험을 신고하게 되면서 2000년의 우라늄분리 실험이 알려지게 되었다는 설명을 하고 있다.

이것도 우리의 대비가 소홀했음을 반증하는 것이다. '추가의정서'는 원래 걸프전 이후 이라크의 핵개발시도 사실이 알려지면서 국제사회가 종래의 안전조치모델협정(INFCIRC/153)에 따른 사찰만으로는 불충분하다는 전제하에 1993년 이른바 '93+2 프로그램'을 추진하면서 비롯된 것이지 갑자기 생겨난 것이 아니다.

우리 정부는 1990년대 중반 이후 국제비확산체제의 실질적인 이행수단인 쟁거위원회(ZC)나 핵공급국그룹(NSG) 등 각종 수출통제에 적극 참여해 왔기 때문에 1997년 발효한 '추가의정서'의 성립과 그에 따른 새로운, 강력한 핵사찰제도가 탄생한다는 것도 익히 알고 있었다.

문제는 국내 과학자집단과 '비확산'외교를 담당하는 실무진 간의 커뮤니케이션이 결여되었거나 부족한 데 있다. 과학자들의 순수한 '애국심의 발로'(?)가 때로는 고난도의 '비확산'국제정치 역학게임의 실체를 간과하기 쉽다는 점을 지적하고 싶다.

이와 함께 한국 기업체의 고의든 실수든 제3국을 통해 북한으로 전략물자인 화학무기 원료물질 시안화나트륨이 대량으로 북한에 유입되었다는 소식은 1990년대 초 이래 우리가 공을 들여왔던 '비확산' 외교를 무색하게 하는 안타까운 일이 아닐 수 없다.

국민경제의 무역의존도가 70%나 되고 전체 수출액에서 통제대상 품목이 720억 달러로 40%에 육박하는 나라가 한국이다.

구미 선진국들이 대다수를 점하는 각종 수출통제기구 회원국들로부터 규정에 따라 우리기업이 몇 년씩 수출입금지 제재를 받는다면 이 또한 심각한 일이다.

한편 북한은 남한의 핵물질 실험을 빌미로 6자회담을 참여를 거부하고 있는데 이런 상황에서 슬기로운 해결책은 과연 무엇일까?

먼저 핵물질 실험과 관련한 궁극적인 대책은 이미 사문화된 비핵화공동선언을 주도면밀한 '비확산'외교를 통해 '투명성'을 담보받고 적절한 시점에 백지화할 필요가 있다.

또 다른 현안인 전략물자 수출통제는 현재 8명인 산자부 담당인력의 증원이 시급하고 최근 코드화 작업을 마친 것으로 알려진 HS(통관분류)시스템을 속히 가동하여 정부가 보다 능동적으로 통제·관리하는 체제로 가야 하며 기업은 기업대로 내부통제제도(ICP)를 강화해 나가야 할 것이다.

〈한국일보, 2004. 10. 6.〉

美 대선과 북핵해법

　미국 대선이 일주일 앞으로 다가 왔다. 이번에도 4년 전처럼 공화, 민주 양당 후보 간에 백중지세의 양상을 띠고 있어 예측을 불허한다. 세계에서 가장 복잡한 선거제도로 알려진 미국의 대통령 선거는 유권자들의 예비선거를 거쳐 최종적으로는 선거인단에 의한 간접선거로 결말 지워지기 때문에 2000년 선거에서는 민주당 후보 앨 고어가 54만여 표를 상대후보(부시)보다 많이 얻고도 떨어지는 기현상이 벌어졌다.

　미 대선과 관련한 우리의 관심은 국내적으로 행정수도이전 위헌판결 등으로 '내우'를 겪는 상황에서 교착상태에 빠진 6자회담의 결과에 따라 '외환'까지 불러 올지 모르는 미국 대선후보의 북한 핵문제 해법 향방이다. 후보 간 첫 TV토론에서부터 양측은 북핵문제를 이슈로 격돌했다.

　민주당 케리 후보는 공화당 부시 대통령이 재임 중 북핵문제를 방관해 결국 북한의 핵무기가 2개에서 4~7개로 늘어났다고 주장하며 북-미 직접대화를 강조한다. 특히 핵, 정전협정, 경제, 인권, DMZ배치전력 문제 등을 북-미 포괄협상을 통해 일괄 타결하겠다는 의지를 보인다. 그러나 유사시 선제공격권은 포기하지 않겠다는 점을 분명히 하고 있다.

　반면 부시 대통령은 "나쁜 행동에 대한 보상은 있을 수 없다"며

북-미 양자협상은 기존의 다자 틀인 6자회담을 무력화시킨다고 반대한다. 부시진영의 '네오콘'사이에서는 그동안 대화와 협상 모든 방법을 다 동원했으나 허사였다며 이제 남은 것은 유엔안보리 회부나 김정일정권 교체 수순밖에 없다는 협상무용론이 고개를 들고 있다. 물론 선제공격권도 배제하지 않는다.

요컨대 두 후보의 대량살상무기(WMD)확산 관리정책은 클린턴행정부 당시 정치 외교적 노력 위주의 '비확산'(non-proliferation)에서 현 부시행정부에서는 무게 중심이 공세적 군사대응조치인 '대확산'(counter-proliferation)에 두어졌다면 이제 부시행정부 2기나 케리 행정부에서는 이 두 영역을 아우르는 '반확산'(anti-proliferation) 정책의 채택이 확실시된다는 점에서 본질적인 변화는 없을 것으로 보인다.

여기서 필자는 공화, 민주 어느 정부가 들어서더라도 1차 6자회담 시 미 측이 강조한 북한 핵의 '완전하고, 검증 가능하며, 불가역적인 폐기'(CVID)에 대해 북한 측이 역으로 '미국 적대시정책'의 CVID를 보장하라는 이른바 '역CVID'를 주장하는 한 북핵 해결의 실마리는 가까운 시일 내에 풀리기 어렵다는 것을 강조하고 싶다.

북핵문제가 이같이 딜레마에 빠질 수밖에 없는 이유는 미 측의 확산관리 정책의 중심이 공급측면(supply-side)의 접근법에 놓여 있어 핵물질의 북한 유입을 차단하거나 기존의 관련 시설을 폐기하는 데 주안점을 두고 있는 '대증요법' 위주이기 때문이다. 질병에 비유하면 북한의 핵무기개발 시도는 국가의 가장 원초적 욕구인 '안전보장'을 위한 것이기 때문에 화학적 '원인요법'을 통해 수요자체를 억지하는 방책(demand-side approach)을 강구해야 한다는 것이다.

다시 말해 북한 스스로가 판단하여 자국의 국가보위를 위해서 핵무기가 필요 없다는 판단이 서게 만드는 것이 중요하다는 것이다. 즉 주위의 평화적 환경 조성이 더 시급하다는 말이다. 90년대 초 남아프리카공화국이 당시 가지고 있던 6개의 핵무기를 폐기 처분한 것은 널리 알려진 대로 스스로가 비핵화의 길을 간 것이지 국제사회가 경제제재 등 제재장치를 효과적으로 운용해서 된 것은 아니었다.

그러면 북핵과 관련, 수요측면의 확산관리 방책에는 어떤 것이 있을까? 우선 기존의 인도적 측면의 지원을 필두로 북-미, 북-일 외교관계 정상화를 통한 '외교 불균형'이 시정되어야 하고 궁극적으로는 유럽지역에서의 안보협력기구(OSCE)처럼 역내에 '대화와 협력'의 장을 구축하는 노력이 선행되어야 할 것이다.

〈한국일보, 2004. 10. 27.〉

美 '포괄 核禁' 부결 의미

　지난 13일 미국 상원은 2년여 동안 계류 중이던 포괄핵실험금지조약(CTBT)을 빌 클린턴 대통령의 요청에도 불구하고 끝내 부결시킴으로써 전세계적으로 큰 파장을 불러일으키고 있다.

　CTBT는 클린턴 미 행정부 주도로 1996년 9월 유엔총회에서 결의안 형식으로 채택됐으며 미국이 첫 번째 서명국이었다는 점에서 그동안 국제사회에서 미국이 기울여온 대량살상무기 추방 노력을 정면으로 부인하는 결과를 빚게 됐다.

　미 의회의 CTBT 비준동의안 부결이 국제비확산체제에 미치는 영향은 우선 크게 두 가지로 나누어 볼 수 있다. 먼저 CTBT 자체에 관한 것인데 여기에서는 미국의 비준 거부가 조약 자체의 발효에 미치는 영향이다.

　이 조약은 북한·인도·파키스탄·이스라엘 등 핵능력을 보유했거나 개발 중인 것으로 알려진 나라들을 포함해 국제원자력기구(IAEA)가 지명한 전세계 44개국(의무가입국)이 가입해야 발효되게 돼 있기 때샤문에 이 나라들이 가까운 장래에 가입할 가능성이 적은 현재로서는 조약 자체의 발효에 미치는 영향은 별로 크지 않다고 할 수 있다.

　그러나 탈냉전 이후 국제적인 핵비확산 노력 전반에 걸쳐 미국이 지도적 역할을 해왔기 때문에 핵물질 수출통제 등을 비롯한 관련 국제체제에 큰 주름살을 드리우게 됐다. 유엔과 제네바 군축회의(CD)

에서 논의 중인 '핵분열성물질 생산금지협정' 협상에 부정적인 영향을 끼칠 것은 물론이거니와 러시아와 협의 중인 제3단계 전략무기감축협정(START-Ⅲ)도 당분간 어렵게 됐다.

특히 한반도와 관련해서는 1994년 제네바 북·미 핵합의 이후 우여곡절 끝에 지켜져 오고 있는 북한의 핵 동결과 관련, '과거의 핵' 규명작업이 남아 있기 때문에 이른바 특별사찰을 둘러싸고 북한이 엉뚱한 주장을 들고 나올 가능성도 배제할 수 없다.

지난 1995년 5월 유엔에서 핵비확산체제의 기본 틀인 핵확산금지조약(NPT)의 무기한 연장안이 통과될 때 비핵국들은 CTBT 조기 체결과 함께 핵보유국들의핵군비 감축 노력을 명기했기 때문이다.

미 의회가 대통령이 서명한 국제조약에 대해 비준을 거부한 것은 1920년 1차대전 종전 후 당시 윌슨 대통령이 산파역을 한 베르사유 강화조약 비준 부결 이후 처음 있는 일이다.

이 강화조약의 핵심내용 중 하나는 유엔의 전신인 '국제연맹'(LN)을 창설하자는 것이었는데 당시 전쟁에 식상한 의회의 고립주의 지향 분위기의 벽을 뛰어넘지 못했다. 강대국 미국이 가입하지 않은 국제연맹 체제는 결국 만주사변과 중·일 전쟁으로 16년 만에 사실상 해체됐던 역사적 경험이 있다. 즉, 미국은 '국제연맹' 창설을 주도하고도 이에 참여하지 않음으로써 결과적으로 '연맹체제' 자체를 약화시킨 적이 있다.

이번 CTBT 비준 부결은 공화당 지배의 의회와 전 백악관 안보보좌관들을 포함한 일부 보수적 성향 인사들의 안보논리가 작용한 것 같다.

아무튼 내년 대통령선거를 1년여 앞두고 클린턴 대통령의 레임덕 현상과 맞물려 향후 파장의 귀추가 주목된다.

약육강식의 국제사회가 제2차 세계대전에까지 이르게 됐던 과거의 경험에 비춰 미국은 보다 진취적이고 적극적인 대외정책을 시현해 주기 바라는 마음이다.

〈서울신문, 1999. 10. 21.〉

테러 영원히 추방하려면……

지난 10월 8일 미국의 아프간 공습에 때맞춰 일기 시작한 탄저균 테러 공포가 미국과 서유럽 동맹국을 거쳐 한국에까지 엄습하였다. 탄저균 포자가 백색가루 형태여서 항간에서는 밀가루와 설탕가루만 봐도 경찰에 신고하는 촌극이 빚어지고 있다. 미국을 비롯한 세계 각국은 지금 아프간이 아닌 자국 내에서 '테러와의 전쟁'을 또 한 차례 치르고 있는 상황이다.

아프간 현지에서 공습을 통한 테러와의 전쟁을 수행하든, 각자 자국 내에서 새로운 형태의 테러를 발본색원하기 위한 노력을 기울이든 궁극적인 목적은 지구상에서 무고한 시민이 대량으로 희생되는 비극이 재연되지 않도록 하자는 것이다. 과연 어떻게 하면 인류의 공적(公敵)인 테러리즘을 지구상에서 영원히 추방할 수 있을까. 즉 테러와의 전쟁에서 승리하는 가장 확실한 길은 무엇인가 한 번쯤 자문하게 된다. 이에 대한 해답을 필자는 교황 요한 바오로 2세가 최근 테러 참사관련 강론에서 강조한 '증오심의 추방'과 유네스코 헌장의 전문에서 설파하고 있는 '전쟁은 인간의 마음에서 비롯된다'는 잠언에서 찾고자 한다.

이는 다시 말해 물리적 대증요법으로는 테러와의 전쟁에 한계가 있다는 것이다. 정치사회적 측면에서 보더라도 인류에게 자살이라는 기제가 허용되고 상존하는 한 테러의 근절은 사실상 어렵다는 데 전문가들은 동의한다. 바로 이러한 맥락에서 영국의 정보기관 MI5의 전임 국장 리밍턴은 "우리는 테러와 함께 살고 있으며 테러를 뿌리 뽑는 것은 지난한 일"이라면서 조지 W. 부시 미국대통령이 선언한 '테러와의 전쟁'이 성공하지 못할 가능성을 지적한 바 있다.

요컨대 잠재적 테러집단의 마음을 사야 하지 증오감을 움트게 하는 어떠한 행위도 테러의 재발을 막지 못한다는 것이다. 이와 관련하여서는 먼저 '폭력의 확대 재생산'을 막아야 한다는 명제가 중요하다. 아프간에서 탈레반 정권이 축출되고 오사마 빈 라덴이 없어진다고 테러가 일거에 없어진다고는 볼 수 없기 때문이다. 제2, 제3의 오사마 빈 라덴이 나올 개연성을 얼마든지 있고 미국에 총부리를 겨누고 있는 탈레반도 한때는 미국의 도움을 받지 않았던가.

또 다른 고려 요소는 천문학적인 대테러 비용을 어떻게 감당할 것인가 하는 문제이다. LA타임스의 15일 보도에 따르면 미국 본토를 테러로부터 방어하기 위해 향후 5년간 들어갈 비용이 무려 1조 5000억 달러(한화 1950조 원)에 달한다고 한다. 시민생활의 고통과 불편함도 일시적인 경우에는 감내할 수 있겠지만 테러와의 전쟁이 장기화한다고 할 때 '피로현상'이 나타나서 효과적인 방호 내지는 방어가 어려울 것이다. 예컨대 개인의 기본적 권리가 제한받는 상황을 상정할 수 있는데 미국에서는 벌써부터 테러범 색출을 위한 개인의 e메일 검색 등이 사생활 침해라는 논란을 빚고 있다.

상황이 이쯤에 이른다면 우리 속담에 '뭐 잡기 위해 초간 삼간 다 태운다'는 말처럼 비용 대 효과 측면에서 비경제적인 대처방안이라고 아니 할 수 없다. 따라서 이번 대테러와의 전쟁과 관련하여 볼 때는 적절한 응징이 가해졌다고 판단되는 시점에서 미국이 여하히 슬기롭게 아프간전을 마무리하느냐 하는 것이 무엇보다 중요하다고 본다.

이와 함께 뿌리 깊은 이슬람권의 미국에 대한 불신 내지는 불편한 심기를 어떻게 잠재울 것이냐에 따라 지구촌 인류의 공존-공영이 달려 있다고 해도 과언이 아니다. 유네스코 헌장의 경구(警句)처럼 전쟁은 인간의 마음에서 비롯되므로 '물리적 대증요법'보다는 증오심을 가시게 하는 '화학적 근치요법'이 인류사회에서 대규모 테러를 추방하는 가장 확실한 방법이기 때문이다.

〈세계일보, 2001. 10. 31.〉

갈림길에 선 美 중동정책

　미국이 세계 역사상 최악의 테러 사건으로 남북 전쟁 이래 가장 큰 국가적 재난을 겪고 있다. 미국의 최대 도시인 뉴욕과 수도인 워싱턴을 비롯한 도처에서 동시다발적으로 발생한 테러행위는 가히 국가적 위기라고 일컬을 만하다.

　미국 입장에서 볼 때 사태 수습과 더불어 향후 상당기간 대중동정책 등 관련 대내외 정책 방향을 둘러싸고 다음과 같은 논란 내지는 분석이 주류를 이룰 것으로 보인다. 첫째, 이번 참사가 최근 극한 상황으로 치닫던 중동사태에 비춰 어느 정도 예견이 가능하지 않았느냐 하는 것이다. 즉 여러 가지 정황 증거로 볼 때 미국에 대한 대규모 테러는 중동분쟁의 악화와 직간접으로 관련이 있다는 것이다. 다시 말해 미국 언론들이 이슬람 과격파의 소행이라고 보는 데는 나름대로의 이유가 있다.

　지난해 9월부터 재연 조짐을 보여 온 중동 분쟁은 2월 이스라엘 총선에서 강경파 아리엘 샤론이 압승, 총리에 취임하면서 악화되기 시작했다. 샤론 총리는 '중동 정치의 유일한 수단은 외교가 아닌 군사력'이란 신념대로 힘의 정책을 사용해 왔다. 한편 팔레스타인에서는 자치정부 수반 아라파트가 이스라엘과의 평화협상에 실패함에 따라 발언권이 약해지고 정부 내 강경파인 민주해방전선과 인민해방전선 등이 득세함으로써 양측 모두 강경파가 주도권을 차지하면서 극한적 대치 국면으로 치닫게 됐다는 것이다. 이로 인해 지난 11개월 동안 양측은 500명 이상의 희생자를 냈으며 지난달 말에는 팔레스타인 인민해방전선(PFLP) 지도자 무스타파가 이스라엘군의 미제 아파치 헬기 미사일 공격으로 사망하는 등 사태가 악화됐다.

이에 맞서 이슬람 과격파는 대이스라엘 테러는 물론 이스라엘의 '정치적 후견인'으로 간주하는 미국에 대한 각종 폭탄테러를 자행해 왔다. 대표적인 사례는 1998년 8월 케냐와 탄자니아 주재 미국대사관 폭파사건으로 200여 명이 숨지고 5000여 명이 부상하는 피해를 보았다. 미국 연방법원은 5월 대사관 폭탄테러 용의자에 대한 재판에서 반미 테러의 배후 인물로 사우디아라비아 출신의 오사마 빈 라덴을 지목했다. 이에 대해 라덴 측은 6월 25일 향후 몇 주 내에 '놀라운 일'이 벌어질 것이라고 경고했다는 것이다. 이 밖에 미국이 이슬람 과격파의 분노를 산 가장 최근의 사건은 지난 주 남아프리카공화국에서 열린 세계인종차별철폐회의에서 이스라엘의 시오니즘을 규탄하는 결의안 채택과 관련, 이스라엘과 함께 미국 대표단을 철수시킨 것이다.

이런 견지에서 향후 대중동정책에 있어서 미국의 최대 딜레마는 강경 일변도의 이스라엘 샤론 정부와 더불어 친이스라엘적 강성 중동정책을 유지할 것이냐, 아니면 보다 중립적인 화해 협력 정책을 쓸 것이냐 하는 갈림길에 처해 있다고 할 수 있다.

둘째, 미국 내외를 통틀어 최대의 국방 안보 현안인 미사일방어(MD)계획과 관련, 야당인 민주당의 반대 논리에 무게가 실릴 수 있게 됨으로써 MD 예산 삭감 등 논란이 뜨거워질 수 있다는 것이다. 즉 민주당이나 일부 언론이 주장하는 것처럼 실행 가능성이 없는 위험에 대비해 수천억 달러를 쏟아 붓는 것보다 미국이 현실적으로 당면한 위협인 적의 재래식 운반수단에 의한 생화학 무기나 폭발물에 의한 위험이 더 크다는 논리가 설득력을 얻게 됐다는 것이다. 따라서 이미 2002년도 MD 예산에서 미 상원 군사위가 13억 달러를 삭감했으나 추가 삭감이나 적어도 증액이 용이하지 않을 수 있게 된 것이다.

셋째, '에셜론' 등 세계에서 최강을 자랑하는 미국의 첩보 정보 수집 역량에 대한 반성과 함께 보안 정보기관 간 책임 논쟁이 의회에서 제기될 수 있다. 얼마 전에도 미 연방수사국(FBI)의 이중 스파이 요원 문제 등으로 책임자가 바뀌었으나 본격적으로 조직 인사 개편 문제가 거론될 계기가 마련됐다고 보인다. 그러나 '지하드(성전)'라는 말에 걸맞게 종교적 신념에서 비밀리에 진행되는 테러행위 모의는 현대의 과학적 탐지 기법으로도 적발이 용이하지 않다는 데 문제가 있다.

끝으로 향후 군의 기본 임무가 주요 전쟁에 대비한 역할에서 이번 테러 참사에서 보는 것처럼 '전쟁 이외의 군사작전'(OOTW)에 상대적으로 높은 비중이 실리게 될 것으로 보인다. 미국은 이미 수년 전부터 이 분야에 대한 연구를 해오고 있으나 최근 점증하는 테러, 마약거래, 국제조직범죄 등 이른바 '비재래적 안보 현안'에 대한 대비책을 강구하는 차원에서 군의 임무와 역할이 더욱 커질 것으로 판단된다.

〈동아일보, 2001. 9. 13.〉

아프간과 세계사의 굴곡

　미국 정부는 지금 자국의 테러 대참사를 적의 전쟁행위로 간주, 테러의 배후 세력 내지 후원국으로 지목한 아프가니스탄에 대한 응징적 보복 공격 준비에 박차를 가하고 있다. 즉 이번 테러 참극을 배후에서 조종한 혐의를 받고 있는 오사마 빈 라덴의 은신처를 제공하고 있는 아프간의 탈레반 정권이 '공동정범'으로 응징을 받아야 마땅하다는 것이다. 말 그대로 '초읽기'에 들어간 미국의 아프간 공격은 국제정치사적 측면에서 또 다른 한 획을 긋는 획기적인 사건이 될 것으로 보인다.

　아프간은 여러 의미에서 현대 정치사의 흐름을 바꾸어 놓는 데 있어 '태풍의 눈' 역할을 해왔다. 아프간은 영국과 3차례에 걸친 전쟁을 치른 뒤 1차 세계대전 직후 영국의 식민지에서 벗어나 독립을 쟁취하게 된다. 여기서 아프간의 독립은 전세기에 걸쳐 구가해오던 '팍스 브리태니카' 시대의 마감을 예고한다.

　2차 세계대전 이후 동·서 양 진영으로 갈라진 양극 체제하에서는 국내정치가 혼미양상을 보이는 가운데 집권 좌경세력 보호를 구실로 한 구소련의 아프간 침공(1979년 12월)은 1970년대의 '미·소 데탕트' 시대를 종식시키고 이른바 '신냉전시대'를 여는 계기가 되었다. 그 후 10년간 미국은 구소련군과 정부군에 대항하여 싸우는 탈레반 등 회교 반정부군에 연간 1억 달러 이상의 원조를 제공하며 좌경정부와 소련군의 축출을 도왔다. 예컨대 1985 회계연도 한해에는 미국 의회가 2억 5000만 달러의 '아프간 지원계획'을 통과시키기도 하였다.

그 결과 반군의 집요한 공격에 시달리던 소련군은 결국 아프간으로부터 철수하게 되고 정권은 탈레반의 수중으로 넘어갔으나 미국은 이제 자국의 지원으로 집권한 탈레반 정부의 국가를 상대로 전쟁을 해야 하는 상황에 처했다는 것은 역사의 비극이 아닐 수 없다. 국제 정치학자들은 미·소 간 몰타 정상회담에서 양국 정상이 동·서 냉전체제의 해체를 공식 선언한 1989년을 탈냉전의 원년으로 보지만 기실 내막적으로는 1989년 초 소련군의 아프간 철수가 촉매제 역할을 한 사실을 부인할 수 없다. 따라서 아프간은 국제정치사의 중요한 시대적 전환기마다 태풍의 '핵' 역할을 해왔다고 할 수 있다.

이제 기정사실화된 미국의 아프간 공격을 눈앞에 두고 일각에서는 미국의 저명한 정치학자 새뮤얼 헌팅턴이 10여 년 전부터 주장해 온 '문명의 충돌'을 우려하고 있는 상황에 와 있다. 즉 탈냉전 이후에는 공산주의 대 자본주의의 대치가 사라지고 서구 기독교 문명과 이슬람 문명의 충돌이라는 새로운 양상의 문화적 대립과 갈등이 발생할 것이라는 예고이다.

물론 이 같은 '문명충돌론'은 냉전 이후의 또 다른 서구패권주의식 발상이라는 지적으로부터 현대판 '황화론(黃禍論)'이라는 데 이르기까지 다양한 비판을 받고 있기는 하지만 이번 사태의 전개양상을 미리 예단할 수 없는 것처럼 그 결과가 미치는 파급효과에 대해서도 단정적으로 말하기는 어렵다.

미국 언론에서는 소수 견해이긴 하지만 '폭력의 확대재생산'을 경계하며 과도하게 감정에 치우친 응징보복은 근원적인 문제해결의 실마리가 될 수 없다는 신중론이 대두되는 등 금번 미국의 대(對) 아프간 무력제재는 그 결과에 따라 현대 국제정치질서에 지각변동을 일으킬 만한 큰 이벤트임에는 틀림이 없다.

일부 분석가들은 이번 사태를 계기로 미국이 미사일방어(MD) 체제의 지속 추진 등 본토방위를 위한 체제를 갖춘 뒤 세계경찰의 역할을 축소하며 고립주의 경향으로 나아가지 않을까 하는 우려 섞인 시선을 보내기도 한다.

이런 견지에서 미국은 이번의 대아프간 응징공격이 아랍권 전체에 미칠 부정적 요소를 최소화하는 일련의 노력, 예를 들어 중·러·EU 등 주요국과의 사전 교감 및 협의, 다국적군 참여유도, 유엔의 지지결의 획득 등의 노력을 함께 기울일 필요가 있다.

그러한 외교적 노력은 피해당사국인 미국의 입장에서 필수적인 절차일 수는 없으나 대아랍권 관계에 있어 행위의 정당성과 불가피성을 확실히 해둔다는 측면에서 바람직한 일이라고 보인다.

〈문화일보, 2001. 9. 18.〉

북핵해법, 亞太안보기구 창설을

최근 한·미 정상회담에서 합의한 이른바 '공동의 포괄적 접근방안'을 놓고 뒷말이 무성하다. 이와 관련해 외교부 고위 관계자가 미국을 방문, 미 측 관계자와 구체적인 안에 대해 의견을 조율 중인 것으로 알려졌다. 자세한 내용은 한·미 간 협의과정에서 하나, 둘 윤곽이 드러나겠지만 핵심은 교착상태인 6자회담을 여하히 재개해 9·19 베이징 공동성명의 실천사항을 이행시키느냐 하는 것이다.

우선 뜻풀이부터 해보자. 여기서 '공동'이란 한·미 간에 또는 6자 간에 함께 추진한다는 의미이므로 차치하고 '포괄적'이란 말은 '북핵'과 관련, 어제오늘의 이야기가 아니다.

대표적인 것이 1994년 10월 미국과 북한 간의 제네바합의다. 북의 핵동결을 전제로 미국의 경수로 제공, 양국 간의 정치·경제관계의 정상화, 한반도 비핵평화지대 추진, 국제비확산체제 협력 등 그야말로 '포괄적'인 합의였다. 1998년 대포동미사일발사와 금창리 지하의 혹시설로 야기된 긴장수습과정에서 나온 '페리프로세스'도 전형적인 '포괄적 접근'책이었다. 지난해 9·19 공동성명도 예외가 아니다. 같은 맥락에서 버시바우 주한 미 대사도 포괄적 접근의 출발점은 9·19 6자회담의 합의사항이라고 밝히고 있다.

문제는 이런 '훌륭한' 합의사항들이 당사국 간에 안 지켜지는 데 있다. 일차적으로는 북한의 책임이 크다고 하지만 미국도 '분위기'

조성 등의 차원에서 바람직하지 않은 사태를 촉발시킨 측면이 적지 않다.

예컨대, 한국의 200만 대북 송전지원 계획을 중심으로 극적인 타결을 본 9·19 베이징합의 당일 종결발언에서 미 측 대표가 '핵 선포기후 경수로지원' 의사를 밝힌 것이나, 그보다 앞서 9월 15일(6자회담기간 중) 미 재무부가 마카오의 방코델타아시아(BDA)은행을 '자금세탁우려' 금융기관으로 지정하고 북한계좌를 동결 조치한 것 등은 분명 합의의 전조를 불투명하게 만들었다고 보인다. 북한은 이에 맞서 하루 만에 '선경수로 지원 후 핵포기'를 주장하고 나왔다. 미국의 BDA 북한계좌 동결조치는 자국의 애국법(일명 대테러법) 등에서 규정하는 바에 따른 법집행의 과정이라고는 하나, 여하튼 합의이행에 부정적인 영향을 미쳤다는 것은 그 후 "금융제재 해제를 조건으로 6자회담에 복귀하겠다."는 북한 고위 관리들의 발언을 통해서도 잘 알려졌다.

해법은 없을까? 크게 두 가지를 꼽을 수 있다. 먼저 합의 자체에 관한 것이다. 불신의 골이 깊은 상호 간의 합의는 '말 대 말, 행동 대 행동'이라는 동시이행의 원칙이 가능한 한 지켜져야 할 것이다. 합의의 내용에 따라 말처럼 쉬운 것은 아니지만 적어도 타임테이블이라도 정해 놓아야 한다. 그러지 않을 경우, 양 당사자가 끊임없는 '선후' 논쟁에 휘말려 합의이행이 지체될 것이다.

다음으로 북한의 대량살상무기 억제는 '비확산관리'의 일반원칙에 따라 '공급중심'의 접근에서 '수요중심'의 접근법으로 일대 방향전환을 해야 할 것이다. 핵이나 미사일 등 관련 물자·자재·기술·자금 등을 통제·차단·제한·제재하는 것만이 능사가 아니다. 그 같은 물리적 대증요법만으로는 체제생존에 명운을 걸고 있는 북한 정권담

당자들에게서 변화를 유도해 내기 어렵다고 본다.

대량살상무기가 필요 없는 환경조성에 주력하는 수요중심의 접근 책략이 필요한 까닭이다. 예컨대 북한을 포함. 주요 아·태지역국가들이 망라된 ARF 23회원국을 중심으로 한 지역 안보협력기구(CSO)의 발족이 시급하다.

〈서울신문, 2006. 9. 27.〉

제 3 부

통일·대북정책 편

3자회담, 북한의 중국 길들이기

'2007 남북정상선언'에서 추진하기로 한 한반도 종전선언을 위한 3자 또는 4자 정상회담을 놓고 뒷말이 무성하다. 특히 김정일 국방위원장이 '3자회담'을 제의한 것으로 알려지면서 중국의 참여 여부가 논란이 되고 있다.

4자회담일 경우 한국전 정전협정의 서명 당사자인 중국이 마땅히 참여할 것으로 보이나 3자일 경우 한, 미 양측의 정부 관계자도 시사했듯이 남북한, 미국이 회담 참여국이 되고 중국은 빠지게 되기 때문이다.

여기서 김정일 위원장은 왜 중국이 제외될 수밖에 없는 3자회담을 제의했으며 문제의 종전선언을 위한 3자회담은 과연 가능하겠나하는 것이 또 다른 관심사이다.

첫 번째 질문에 대한 답은 2002년 이후 북한의 대 중국, 러시아 관계를 살펴보면 지극히 당연한 귀결이라고 할 수 있다. 냉전시대 북한의 두 공산권 국가에 대한 이른바 '시계추' 외교는 익히 알려져 있지만 1994년 김일성 사후 한동안 조정기간을 거친 뒤 2000년 푸틴 대통령 방북이후에는 러시아 편향외교가 두드러지게 나타나고 있기 때문이다.

특히 2002년 '양빈사건'으로 신의주특구 개발계획이 물거품이 되면서 김정일의 대 중국 불신이 심화되었다. 같은 해 2월에는 IAEA 특별이사회가 북한의 핵안전조치협정 위반문제를 유엔 안전보장이사회에 회부하는 결의안에 중국이 찬성함(러시아는 기권)으로써 김정일의 심기를 불편하게 한 일도 있다. 이어 2004년 말 중국이 북한의 핵개발 저지를 위해 에너지와 식량지원 중지 카드를 빼든 것도 양국관계를 더욱 악화시켰다고 생각된다.

이에 반해 러시아는 2000년 7월 푸틴의 방북을 계기로 시베리아횡단철도(TSR)사업과 관련 '북-러 철도협력협정'을 체결하는 등 양국관계가 긴밀해져 왔다. 예컨대, 김정일 위원장이 2002년 한 해 동안 북한 주재 러시아대사를 무려 23회 이상 만났다는 사실이 언론에 알려지기도 했으며 그해 9월의 북-일 정상회담을 성사시킨 숨은 주역이 푸틴 러시아 대통령이었다는 것은 공공연한 사실이다.

북한의 친러 편향의 또 다른 측면은 북한의 '강성대국' 건설과 관련, 군사력 증강은 결국 북한 무기체계의 대부분을 차지하는 러시아제 방산품과 부품 제공에 달려 있다는 판단과 함께 푸틴 정부 출범 후 G8 정상회담 참여국으로서 국제사회의 영향력을 상대적으로 높이 산 결과라고 볼 수 있다.

그렇다고 잘 알려진 대로 '순망치한'의 관계인 대 중국관계를 김정일 위원장이 완전히 무시할 수는 없는 노릇이다. 따라서 북한이 전통적으로 활용해 온 '견인외교' 차원에서 내세운 하나의 제스처일 수 있다.

그러면 3자회담은 현실적으로 가능한가? 이에 대한 답은 부정적이다.

우선 법적으로 타당하지 않다. 중국은 정전협정의 서명 당사자일 뿐만 아니라 주 교전당사자(belligerent)이기 때문이다. 전쟁에 관한 국제법인 '헤이그' 육전법규(1907년)는 교전당사자의 자격, 권리·의무와 함께 휴전에 관해서도 규율하고 있는데 이 법의 취지에서 보더라도 주 교전당사자의 하나가 빠진 종전선언이나 평화협정은 완전하다고 할 수 없다.

정치적으로도 중국과 긴 국경을 접하고 있는 북한으로부터 유사시 난민 유입 등 민감한 이슈가 개재돼 있는 바 역내 국제정치 역학관계상 중국을 도외시한 한반도 평화체제 구상은 현실성이 떨어진다. 따라서 3자회담과 더불어 4자 정상회담의 가능성을 열어 둔 것은 김정일 위원장이 대 중국관계에서 그동안 응어리진 분과 불만을 다른 방식으로 표현한, 또 다른 의미에서 북한판 '중국 길들이기'가 아니었나 생각된다.

그럼에도 불구하고 소련 극동지역 하바로프스크에서 태어난 김정일 위원장으로서는 전술한 정치, 경제, 군사적 제 측면에서의 실리와 함께 러시아에 대한 정서적 연대감 또한 부인할 수 없기 때문에 북한의 '러시아 기울기'는 상당기간 지속될 것으로 보인다.

〈한국일보, 2007. 10. 13.〉

한국형 평화협정의 설계

  2·13 합의는 알려진 대로 그 후속조치의 하나로 '동북아 평화·안보체제' 실무그룹(WG)을 운용하기로 했다. 2·13 합의 3조의 마지막 항에 이 실무그룹을 열거한 내용을 보아도 논리적으로 전 단계 실무그룹 현안들인 '한반도 비핵화,' '북·미 관계정상화,' '북·일관계 정상화,' '경제에너지 협력' 등이 전제돼야 함은 물론이다. 따라서 간단한 사안은 아니다.

  그러나 "한 실무그룹의 진전이 다른 실무그룹의 진전에 영향을 주지 않는다"는 원칙(동 합의 3조)도 있는데다 현재와 같은 북·미 간 해빙무드가 가속화되면 동북아 평화·안보체제에 대한 논의는 의외로 빨리 진행될 수도 있다.

동북아 평화·안보체제 핵심은 '한반도 평화'

  '동북아 평화·안보체제'의 핵심이며 근간은 '한반도 평화체제'라 해도 과언이 아니다. 이는 다시 말해 한반도에서 한국전쟁 이후 반세기가 넘게 지속돼 오고 있는 정전체제를 여하히 마감하고 교전 당사국 간에 평화협정을 체결하느냐 하는 것으로 귀결된다.

  북한은 지난 1974년 이래 한국전쟁을 정식으로 종식시키기 위한 평화협정을 미국과 체결할 것을 요구해 왔다. 이 같은 목적을 위해 북한은 정전협정의 근간인 군사정전위원회와 중립국감시위원단의 활동을 마비시키는 일련의 행동을 취했던 것이다.

예컨대 1994년 4월에는 정전위에서 대표단을 철수시키고 그 대신에 새로이 북한인민군 판문점대표부라는 기구를 일방적으로 설치했다. 또한 중립국 감시위와 관련, 북한은 '94년 체코를 동 기구로부터 축출하더니 1995년 2월에는 폴란드마저 쫓아내고 같은 해 5월에는 북한 측 중립국 감시위 사무실을 폐쇄하기도 했다.

이에 따라 우리는 그동안 파행적인 정전체제를 유지해 왔다. 이제 본격적인 평화협정 논의를 앞두고 관련 현안을 재점검해 본다.

첫째, 당사자적격(locus standi) 문제이다.

잘 알려진 바와 같이 북한은 한국이 정전협정에 서명하지 않았으므로 당사자가 아니며 따라서 후속 평화협정도 유엔군의 주축을 이룬 미국과 체결하여야 한다는 논리를 전개하고 있다.

평화협정, 교전 당사자 간에 체결돼야

이것은 명백히 국제법상의 관행을 몰이해하는 데서 오는 잘못이다. 즉 전쟁에서 일방 당사자가 수개국 이상의 연합군을 형성해 싸웠을 경우는 통상 휴전협정 체결 시 통합사령관이 대표로 서명한다는 것은 일반화돼 있는 관행인 것이다.

이 문제에 관한 한 우리의 입장은 명확하다. 즉 평화협정은 마땅히 주 교전 당사자인 남·북한 간 또는 미, 중을 포함한 4 당사자 간에 협의되고 체결되어야 한다.

둘째, 협정의 형식과 내용에 관한 것이다.

일반적으로 교전당사국이 평화협정을 체결할 때는 제일 먼저 전쟁상태의 종결을 명문상 선언하게 된다. 그 형식도 반드시 공식문서에 서명하는 것만이 아니라 교환공문 또는 선언 형식 등 다양하다.

예컨대 1952년의 일본과 인도의 경우에는 양측이 서한을 교환하는 형식으로 평화협정이 체결되었고, 1956년 일본과 소련은 공동선언 형식으로 사실상 평화협정을 체결했다.

사실 조약법에 관한 비엔나협약 제2조 1항은 조약을 국가 간에 문서에 의한 모든 합의를 이른다고 명시하고 있다. 따라서 우리는 너무 명칭에 신경을 쓸 필요가 없다고 본다.

해외 평화협정(조약) 사례로는 1973년 월남평화협정, 1978년의 중-일 평화조약, 1979년의 이집트-이스라엘 평화협정 등을 들 수 있다. 이들 협정들은 대체로 전쟁의 종료에 관한 내용, 교전 쌍방의 선린관계, 유엔헌장준수 규정, 휴전 및 평화감시기구(이웃한 당사국인 경우) 등을 예외 없이 두고 있다.

셋째, '평화협정'에 들어가야 할 관련 조항들은 무엇인가?

가장 핵심적인 것은 무엇보다 먼저 전쟁상태의 종료를 선언하고 평화를 회복한다는 뜻을 표명하는 것이다. 나머지 것들은 이를 실현하기 위한 보조적인 역할이나 기능에 관한 언급이 될 것이다.

예컨대, '군사분계선과 비무장지대', '평화 공존 5원칙(주권존중, 내정불간섭, 호혜평등, 상호불가침 등)', '분쟁의 평화적 해결', '평화보장(평화감시기구) 장치', '군비통제와 신뢰구축조치', '사회경제 및 문화교류' 등에 관한 조항은 평화협정의 단골 메뉴이다.

한국 정전협정, 그 자체 훌륭한 군비통제조약

이 중에서 '군비통제'와 관련, 한 가지 특기할 사실이 있다. 한국 정전(휴전)협정이 그 자체로서 하나의 훌륭한 군비통제 조약이라는 것을 아는 사람이 그리 많지 않은 것 같다.

정전협정은 예컨대 제2조 12항에서 전투기, 장갑차, 탄약 등을 1대 1의 교환형식이 아니면 교체할 수 없다고 못 박고 있다. 물론, 이런 규정은 양측(북한과 유엔군)의 자의적인 위반으로 지켜지지 못하고 초기에 관련조항이 사실상 무효화되었다.

한반도 평화협정에서는 그와 같은 구조적 군비통제에 관한 것보다 상호 신뢰를 쌓기 위한 운영적 군비통제에 관한 것을 설정하는 것이 보다 현실성이 있어 보인다. 즉 점진적인 방법을 추구함이 옳다.

끝으로 위와 같은 평화협정의 구성요소를 기존의 '남북 기본합의서'와 대비시켜 볼 때 한반도 평화체제의 핵심인 평화협정의 모델은 자명해진다.

우리는 남북 간에 화해, 불가침, 교류협력에 관한 합의서(기본합의서)를 1991년 12월 체결하고 이듬해 2월 발효시켜 오늘에 이르고 있다. 북한의 일방적인 처사로 대부분의 조항이 이행되지 않고 있으나 본 기본합의서에는 남북관계 전반에 걸쳐 지켜야 할 사항이 자세히 규정되어 있다.

예컨대 기본합의서 제1조는 상호존중 및 내정불간섭의 원칙을 표명하고 있으며 제10조는 분쟁의 평화적 해결을 논하고 있고 12조는 평화보장 장치로 양자차원에서 군사공동위 설치를 규정하고 있다.

또한 제12조에서는 남북 간에 군사적 신뢰구축조치의 필요한 사항을 나열하고 이들 문제를 군사공동위에서 협의하도록 하고 있다. 끝으로 제15에서 23조에 걸쳐서는 다방면의 남북교류에 관하여 규정해 놓고 있다.

요컨대 일부 조항을 제외하고는 이미 문서화돼 있는 제반 남북합의가 그 자체로 훌륭한 평화협정인 것이다.

이런 관점에서 볼 때, 남북한 간에는 평화를 구현하기 위한 아이디어나 수단, 기술이 부족해서 긴장관계가 지속되는 것이 아니라 이미 합의한 약속사항을 지킬 의사가 없기 때문이라고 할 수 있다. 이는 결국 북한 측의 정치적인 의지의 문제이다.

'정치적 의지'의 문제는 비단 북한에만 국한되는 이야기는 아니다. 2001년 부시행정부 출범 이후 경화된 미국의 대북정책이 한반도를 냉전의 고도로 남게 하는 데 기여한 측면을 부인할 수 없기 때문이다.

이제 잔여임기를 얼마 남기지 않은 부시대통령이 북한에 대해 화해의 메시지를 보내기 시작한 것은 대단히 고무적인 일이다. 70년대 초 역사적인 상해 공동성명을 통해 미-중 화해를 이끌어 냈던 닉슨 공화당정부와 같이 35년 뒤에 부시 공화당정부가 또 다른 역사적 이벤트를 만들 수 있을지 기대해 본다.

〈국정브리핑, 2007. 3. 26.〉

2 · 13 합의 이행과 평화 염원

베이징의 6자회담 타결 소식과 함께 지난해 7월 북한의 미사일 사태 이후 경색국면에 접어들었던 남북관계가 2월 27일 남북장관급회담을 필두로 다시 해빙국면으로 복원되는 느낌이다.

이는 비단 남북관계에만 해당되는 이야기가 아니다. '2 · 13 합의'의 이행을 실천적으로 모색하기 위한 움직임이 벌써부터 가동되기 시작했다. 북한과 미국의 6자회담 수석대표인 김계관 부상과 크리스토퍼 힐 차관보의 상대국 교차방문이 곧 이루어질 것이라는 보도와 함께 라이스 미 국무장관의 방북설까지 나오고 있는 상황이다.

1989년 9월 프랑스 상업위성에 의해 영변 핵시설사진 공개로 비롯된 북한 핵문제는 1991년 남북비핵화 공동선언, 1994년의 북 · 미 제네바합의 등을 거치면서 남북관계는 물론 북 · 미관계 진전의 관건이 되어왔기 때문에 이번에도 예외는 아니라고 생각된다.

행동계획 성격 강한 2 · 13 합의

이번 6자합의는 합의문 제목에서 밝히고 있는 바와 같이 1년 5개월 전 남 · 북한, 미, 중, 일, 러 등 6자회담 참가국이 채택한 '9 · 19 공동성명'의 이행을 담보하는 행동계획(action plan)의 성격이 강하다.

합의문의 요체는 북한이 핵 프로그램을 동결 · 폐기하는 전제로 보상 차원에서 에너지 지원 등을 한다는 것인바 바로 이런 연유에서 일부에서는 1994년의 제네바 핵합의 상태로 되돌아갔다고 비판적인 시각으로 보기도 한다.

'핵활동 중단에 대한 보상'이라는 기본구도는 같을지 모르나 제네바 합의와 2·13 합의는 그 형식과 내용 면에서 상당한 차이를 보이고 있다. 6자회담 참여국들은 각기 나름의 손익계산 평가에 민감한 반응을 보이는 만큼 차제에 제네바합의에 비추어 무엇이 어떻게 달라졌는가를 한국의 입장에서 평가해 보는 것도 의미 있는 일이라고 생각된다.

첫째, 회담형식에 관한 차이가 두드러진다. 제네바합의는 북·미 양자회담에 다자해법(KEDO 국제컨소시엄)을 추구했다면 이번의 2·13합의는 다자(6자)회담에 양자해법을 도입한 것으로 볼 수 있다.

미국은 2002년 이른바 2차 북핵 위기 이후 '3자회담 → 6자회담 → UN(안보리결의 1695 및 1718)' 등 지속적으로 다자주의 해법을 강구해 오다 이번에 다시 사실상 양자해법으로 회귀한 형국이다.

특히 2·13합의는 6자회담 타결의 형식을 띠고 있으나 내용적으로는 회담 직전 북·미 양자접촉(베를린, 베이징BDA회담) 등을 통해 사전 절충, 합의의 대강을 마련하였고 이는 그대로 2·13 6자합의에 반영되었다. 이런 배경은 이번 합의문의 주요 키워드를 통해서도 확인되고 있다.

북미 타협의 산물 '불능화 조치'

우선 다소 생경한 '불능화(disabling)' 조치라는 말부터 살펴보자. 즉 플루토늄 생산 자체를 불가능하도록 핵심부품을 파기한다는 것인데 이는 부시행정부가 그동안 줄기차게 주장해온 '완전하고 검증 가능하며 돌이킬 수 없는 핵 프로그램 해체'(CVID)를 지칭하는 말이다.

북한은 그동안 미국의 CVID라는 용어 사용에 대해 "패전국에나 강요하는 굴욕적인 것"이라며 강하게 반발해왔다. 이에 지난 2004년 6월 중국 베이징에서 개최된 3차 6자 회담에서 미국은 북한이 싫어하는 CVID라는 표현을 사용하지 않았던 적도 있다. '불능화'란 다시 말해 북·미 양자 간 타협의 산물로서 미국으로서는 CVID의 대용어라고 할 수 있다.

다른 하나는 이번 합의가 제네바합의와 달리 최초 선적분 중유 5만t을 제외하고 나머지 95만t에 대해서는 '경제·인도적' 지원 등 중유가 아닌 상응하는 다른 물자로도 지원할 수 있도록 융통성을 부여한 것이다. 이는 미 행정부가 제네바합의에 따라 연간 50만t의 대북 중유지원을 시행하면서 의회의 예산감축 조치 등으로 여러 차례 곤혹스런 입장에 처한 경험에 비추어 미국의 입장이 반영된 것이다.

협상이란 서로 주고받는 것이기 때문에 그 같은 미국의 입김이 반영된 만큼 북한 또한 그 나름의 소득이 없지 않았다. 먼저 1950년 한국전쟁 이래 미국이 북한에 적용해 오고 있는 적성국교역법(TWEA)을 배제해 달라는 주문과 함께 미 국무부의 테러지원국지정을 해제해 줄 것을 요청해 합의문 2조 3항에 관련 문구가 들어가게 되었다.

북한은 미국이 먼저 테러지원국 명단삭제에 동의하지 않으면 2차 6자회담에 불참하겠다고 밝힌 적도 있다. 여기서 '적성국교역법' 적용 문제와 '테러지원국해제' 문제는 북한이 미국에 대해 시종일관 주장하고 있는 '대북 적대시정책'철회의 핵심 사안이라고 할 수 있다.

요컨대 이번 2·13 합의는 알려진 대로 한국과 중국의 중재적 노력에 힘입은 바 크지만 결국 핵심적인 쟁점사안의 타결은 북한과 미국 간에 상호 주고받기식의 타협을 통해 양자 간 접점을 찾은 데에서 비롯된다.

둘째, 에너지 등 대북 경제지원 방식에 관한 것이다. 제네바합의가 3(한·미·일) + α 형태로 후에 EU를 포함한 캐나다, 호주 등 KEDO 회원국 13개국을 포함 28개국이 참여한 데 비해 2·13합의는 먼저 한·미·중·러 4국이 비용분담을 하고 후에 일본의 조건부 참여와 기타 국가의 참여를 환영한다는 식으로 합의 의사록에 규정돼 있다.

국제사회 다수의 국가가 핵 비확산 차원에서 대북지원에 참여하고 또 참여를 권장받는 것은 탈냉전 이후 지구촌 평화와 안전을 위한 일정한 몫의 '평화분담금(peace dividend)'을 갹출하는 데 참여하는 것으로 바람직한 일이다.

문제는 이번 합의문에는 빠져 있으나 9·19 공동성명에 나와 있는 대로 200만KW의 송전비용을 한국이 떠맡고 후에 '논의될' 경수로건설 지원비용까지 우리가 부담하는 상황이라면 엄청난 비용이 들 것인바 이는 6자 후속협의에서 반드시 짚고 넘어가야 할 과제이다.

북미 '결자해지' 기대……동아시아 평화시대 구축해야

끝으로 북한과 미국은 결자해지의 자세로 이번 2·13합의를 약속대로 이행하여 한반도의 비핵화는 물론 더 나아가 동아시아의 평화와 안정을 위한 제도적 장치를 마련하는 데 모든 노력을 경주해야 할 것이다.

부시 행정부 출범 1년 9개월 만에 제임스 켈리 특사의 방북으로 비롯된 2차 핵 위기가 이제 4년 4개월 만에 다시 부시 대통령의 사실상 임기 1년 9개월을 남겨두고 극적인 타결을 보게 된 것은 시기적으로 시사하는 바가 크다.

미국의 대아시아정책과 관련하여 한국을 포함한 동북아 지역에서의 화해와 평화의 메시지는 역대 공화당정부가 만들어 왔다는 엄연한 사실을 우리는 잘 기억하고 있다. 예컨대 1953년 휴전협정으로 한국전쟁을 마무리한 미국 정부가 공화당 아이젠하워 행정부였으며 냉전시대 '죽의 장막'으로 유명한 중국 공산당정부와 '상해공동성명'(1972년)을 통해 20여 년간의 적대관계를 청산한 것은 공화당의 닉슨 대통령이었다.

이제 임기를 1년 9개월여 남긴 현 공화당 부시 행정부의 대북정책에 일대 방향전환이 이뤄진 것은 매우 고무적인 일이다. 부시 대통령이 이제까지 강성으로 비춰진 이미지와는 달리 지난해 11월 한·미 정상회담에서 제안한 대로 남·북한, 미국의 3자 정상회담을 통해 한국전쟁 종전선언을 하고 이를 통해 '냉전의 고도' 한반도에 진정한 평화가 도래하기를 기원하는 마음 간절하다.

〈국정브리핑, 2007. 3. 2.〉

일관성 있는 '포용정책'을

북한 핵 및 미사일 문제로 '한반도 위기설'까지 거론되는 요즘 안보·외교를 포괄하는 정부의 대북(對北) 정책에 대한 논의가 활발하다. 국내 논의는 대체로 강력한 안보를 바탕으로 정부의 '포용정책'의 큰 틀은 유지하되 경우에 따라서는 우리도 강·온 양면 전략의 유연성을 발휘할 필요가 있다는 것으로 집약된다.

정부의 정책 대안 중에는 일견 이론상으로는 가능하나 현실에 있어서는 그대로 시행하기가 용이치 않은 경우가 허다하다. 대북 정책을 포함해 한 나라의 대외정책은 그 나라의 안보와 번영 등 소기의 국가 목표를 추구하는 과정으로 볼 수 있다. 우리나라 안보정책 결정의 중요변수인 북한은 나름대로의 이해관계가 있기 때문에 우리의 대북 정책을 액면 그대로 수용하고 그에 상응하는 반응을 보일 것이라고 기대하는 것은 무리다.

외국의 북한 문제 전문가들에게 북한은 '긴장(tension)을 먹고 사는 정치 집단'으로 비친다. 실제로 북한에서의 가장 효과적인 통치 수단은 정치·사회적 긴장을 필요시 적절히 배합하는 것이다. 따라서 남북 간의 교류·협력 사업이 한창 진행 중일 때에도 북한은 언제든지 과거에 해왔던 도발 행위를 간헐적으로 지속시켜 나간다.

북한이 대남 침투 도발 행위를 할 때마다 남한의 대북 교류 사업이 일시 중단되거나 과거 정권에서처럼 '햇볕'과 '바람'을 넘나드는 식으로 일관성을 결여한다면 우리가 진정으로 원하는 '북한이 스스로 변화할 수 있는 여건 조성'은 요원해질 것이다. 그러면 우리의 진정한 대북 정책과제는 무엇인가.

첫째, 역설적이지만 가장 강력한 대북 정책은 건실한 대내 정책이요, 대내 정치이다. 북한의 통일 전선 전략을 구태여 환기시킬 필요도 없이 우리 사회의 경제나 정치가 안정되어 독일 통일 전야의 서독과 같은 바람직한 시민사회가 실현된다면 북한이 감히 대남 선전·선동을 목적으로 우리 사회 내부에 침투를 시도하지는 못할 것이다.

거시적인 관점에서 우리의 대북 정책이 소기의 목적이 달성되지 않는 소지가 있다면 그것은 바로 북한이 이른바 남한 사회의 혁명 역량 강화를 통한 대남 적화 야욕의 미련을 버리지 않고 있기 때문이라고 풀이된다. 따라서 건실한 경제, 안정된 정치, 비리나 부조리가 없는 성숙한 시민사회 형성을 위한 우리의 대내적 좌표가 가장 확실한 대북 정책인 것이다.

둘째, '북핵·미사일' 등 한반도 문제의 불가피한 국제화 현상과 관련, 미·중·일 등 주변국과의 긴밀한 외교 공조 또한 대북 정책의 핵심적 사안이 아닐 수 없다. 예컨대, 북한 핵문제는 남북한 양자만의 문제가 아니라 이미 '국제문제화'한 지 오래다. 그러나 국제 문제라는 것은 국가 간의 이해관계가 대립되는 것임을 전제로 하는 것이다.

따라서 대북정책은 한·미, 한·일 간의 정책 조율은 물론, 북한과 긴밀한 관계에 있는 중국의 이해와 동의를 구하는 절차 등을 생각해야 한다. 여기서 가장 중요한 현안은 북핵 문제에 직·간접적인 당사자이자 우리의 맹방인 미국과 컨센서스를 도출하는 것이다. 특히 미국 의회는 개별 예산 수권법안을 통하여 행정부의 대외정책을 실질적으로 통제하고 있다. 미국 '의회여론의 향배'에도 능동적으로 대처할 필요가 있다.

셋째, '실질적' 문제 해결의 노력이 중요하다. 과거 경험으로 보아 어떤 사안에 대해 북한으로부터 사과를 받거나 합의를 이끌어냈다고 해서 그 문제가 일거에 해결된 적이 한 번도 없기 때문에 작은 일에 일희일비(一喜一悲)하기보다는 좀더 대범한 자세를 보일 필요가 있으며 내부적으로는 오히려 한미연합 전력 강화 등 굳건한 방위 태세의 확립이 급선무다.

끝으로, 변형된 정·경 분리 정책, 즉 미·일 정부 차원의 대북 국교 정상화와 남한의 민간 레벨의 경협·교류 강화를 동시에 추진하는 것도 검토할 필요가 있다. 과거 북방 정책의 목적이 우리와 중·러 간 국교 정상화를 통한 남북한 간의 관계 개선이었다면 이제는 역으로 북한의 대(對)미·일 관계 개선을 통한 남북 관계 정상화를 도모할 시점이 됐다.

3일 북한의 '북남고위급정치회담' 제의도 우리 정부의 금강산관광 허용 등 일관된 포용정책과 국제관계를 고려한, 진일보한 화답으로 보인다. 3일 북 측 제의에 대한 신중하고 긍정적인 검토가 요청된다. 대북 정책의 요체는 물리적 대증요법식의 대응보다는 북한 사회 내부의 화학적 변화를 유도하는 데 있으며, 다른 한편에서는 남한의 정치·경제·사회가 얼마나 건실한가에 달려 있다고 보아야 한다.

〈문화일보, 1999. 2. 4.〉

냉탕·온탕 식 대응은 금물

북한의 서해안 도발과 이에 따른 교전사태로 김대중정부의 포용정책이 현 정부 출범 이래 최대의 시련기를 맞고 있는 듯하다. 신문, 방송 등 국내 언론은 연일 '정부의 햇볕정책 재고할 때가 됐다'거나 '무조건 포용정책은 안 된다' 등의 전문가 진단을 내놓고 있다. 이러한 논조의 바탕에는 현 정부의 '햇볕정책' 또는 '포용정책'이 서해안 연평도 앞바다에서의 북한의 무력도발과 남북 군사충돌을 야기한 주범쯤(?) 되는 것으로 인식되게 하는 기조가 깔려 있음을 부인하기 어렵다.

이와 같은 진단은 전혀 사실과 부합하지 않으며 오히려 강력한 안보를 기초로 한 정부의 포용정책이 서해교전에서의 전과와 함께 우리 국민이 보다 성숙한 모습으로 준전시상황을 극복해 나가는 슬기로움을 가져다주었다고 생각된다. 북한의 이번 서해 북방한계선 (NLL) 침범 등 도발행위는 크게 보아 세 가지의 의도가 담겨 있는 것으로 보인다.

'서해사태' 냉정하게 대처

첫째, 북한이 지난 1990년대 초 이래 끊임없이 시도해 온 정전협정체제 무실화 전략의 완결편이라는 것이다. 잘 알려진 대로 북한은 1991년 3월 군사정전위의 한국 측 수석대표 임명을 구실로 회담을 거부한 이래 북 측의 중국대표를 철수시키고, 이어서 1995년 초에는 체코에 이어 폴란드마저 북 측 중립국감시위원단(NNSC)에서 축출함으로써 정전협정의 두 핵심 기구인 '군사정전위(MAC)'와 '중립국감시위원단'을 사실상 와해시켰다. 따라서 1953년 정전협정의 주요 내용 중 남은 것은 휴전선인 군사분계선(MDL)뿐인데, 육지에서의 군사분계선 침범은 곧 전쟁을 의미하므로 쉽지 않기 때문에, 차선책으로 지난 1973년 이래 이의를 제기해왔던 서해 북방한계선(NLL)을 침범해 온 것이다.

둘째, 최근 코소보사태를 면밀히 관찰해온 북한이 미·일 방위협력지침 개정에 따른 일본의 주변국사태 법안 통과와 한·일 군사교류확대 등의 3국 간의 군사 협력상황과 한반도 유사시 미국의 대외공약을 시험하기 위한 것이다. 북한은 지난 5월 북대서양조약기구(NATO)군의 유고 공습이 한창 진행되는 가운데 현지에 조사단을 보내는 등 비상한 관심을 보였었다.

셋째, 전형적인 화·전(和·戰) 양면작전의 한 모습이다. 북한은 1970년대 초 남북공동선언을 발표할 때도 휴전선 일대에서는 땅굴을 파고 있었으며, 1983년 10월 미얀마 양곤 폭파사건에 뒤이어 이듬해 여름 남한의 수재 때에는 구호물자를 보내는 등 전형적인 마오쩌둥(毛澤東)식 담담타타(談談打打) 전법을 구사해 오고 있다. 따라서 큰 기대는 어려우나 서해도발직 후 베이징(北京)에서 열린 남북차관급회담이나 북·미고위급회담도 같은 맥락에서 봐야 한다.

끝으로, '고급 옷로비 의혹사건'과 검찰의 정부기관 노조 파업 유도설 등으로 남한 내부의 정국이 현 정부에 불리하게 돌아가는 데 편승하여, 김대중정부의 '외환(外患)'을 유발함으로써 남한 정부와 사회를 일대 혼란에 빠뜨리게 하기 위한 것이다. 이는 서해 교전이 일어난 6월 15일이 지난 1994년 6월 15일 북핵문제로 인한 위기상황에서 국내 슈퍼마켓에서 쌀과 라면이 동나는 등의 혼란을 겪은 지 꼭 5년 만에 재발했다는 데에서 단순히 우연의 일치로 보기는 어렵다.

가장 중요한 것은 서해안에서 남북 간 무력충돌이 있었다는 사실 자체보다도 그러한 상황을 접하여 대응하는 우리 국민의 담담하고도 냉정한 생활태도였다고 할 수 있다. 이것이 바로 정부의 일관된 포용정책의 결과라는 것을 우리는 간과하기 쉽다. 즉 남북 간에 전쟁은 그리 쉽게 일어나지도 않고 일어날 수도 없다는 인식을 알게 모르게 심어준 것이다. 서해상에서 오전에 남북 간 교전이 있었던 날 오후에는 동해에서 현대의 금강산 관광선이 불과 십수 명을 제외한 예약승객의 거의 전원이 탑승한 채 출발한 것은 무엇을 말하는가.

일관된 정책 국민역량 강화

우리 정부는 이번 북한의 서해안 도발에 단호히 대응, 북 측 함정을 격퇴시킴으로써 '대남도발 불용'이라는 대북정책의 제1원칙을 지켰으며, 또한 베이징 고위급회담이나 금강산 관광 사업에는 영향을 미치지 않는다는 일관된 '포용정책'을 견지함으로써 국민을 94년 6월과 같은 불안 속으로 빠뜨리지 않은 것이다.

역으로 서해의 교전이 있었다고 해서 베이징회담을 취소하고, 금강산 관광을 중지시키고, 신포지역의 한반도에너지개발기구(KEDO) 요원을 철수시켰다고 해서 남북문제가 해결되는 것은 아니지 않은가. 오히려 그것은 남 측으로부터 '냉탕 온탕식' 대응을 유발하고자 하는 북한의 전략전술에 말려드는 것일 수 있다.

〈문화일보, 1999. 6. 21.〉

'남북 해운협력합의서' 서두르자

최근 북한 상선의 남한 영해 진입사건을 놓고 그것이 영해 침범이냐 무해통항권의 행사냐에 대한 논란으로 국회나 언론에서의 공방이 사뭇 치열한 것 같다. 그러한 공방 중에는 현 정부의 안보관리 능력까지를 폄하하는 비판도 없지 않다. 심지어는 "우리의 안보가 무장해제 당한 꼴"이라는 말까지 들린다.

이 같은 논란의 발단은 크게 두 가지로 집약된다. 첫째는 현 남북관계가 전시상태냐 아니냐 하는 문제이고, 다음으로는 국제법상 '무해 통항권'의 내용이 무엇이냐 하는 문제이다. 다시 말해 남북관계가 전시상태라면 위에서의 비판은 어느 정도 정당성을 갖는다고 할 수 있기 때문이다.

우선 전통적인 국제법 해석에 따르면 특정 국가 간에 전쟁을 치르게 될 경우, 먼저 휴전협정을 체결하고 이어서 평화협정을 체결하는 수순을 밟아 전쟁상태의 종료를 선언함으로써 공식적으로 전쟁이 종식된다고 믿었던 것이 사실이다. 특히 2차 세계대전 이전 열강의 전쟁행위 종결은 이러한 패턴을 따랐던 것이 일반적이다. 이러한 해석에 의하면 한국은 아직 북한과 평화협정을 체결하지 않아 전쟁상태라는 것이다. 하지만 지나치게 형식논리에 치우친 감이 없지 않다.

이에 반해 현대 국제법에서는 승자와 패자가 확연히 구별되지 않는 상황이 종종 발생하게 되면서 휴전이 일반적, 전면적 범위에서 이루어지고 그러한 휴전상태가 장기간에 걸쳐 지속되는 경우 전쟁상태가 사실상 종료한 것으로 간주하는 견해가 지배적이다. 따라서 한국전쟁의 경우, 지난 1953년 휴전협정 성립 후 반세기에 가까운 장구한 세월이 경과하면서 그동안 남북 간에는 분쟁과 갈등도 적지 않았으나 재차 전쟁상태에 돌입한 적은 없기 때문에 남북한 관계를 전시상태에 있다고 하기에는 적절치 않다고 본다.

더구나 한국과 북한은 지난 1991년 '평화애호국'으로서의 책무를 다하겠다고 다짐하며 유엔에 동시 가입하였고 1992년에는 '화해 및 교류·협력, 불가침'에 관한 남북기본합의서를 발효시켰으며 지난해에는 역사적인 남북 정상회담을 통한 6·15공동선언을 발표함으로써 양자 간의 화해 분위기를 정착시킨 바 있다.

이러한 맥락에서 볼 때 북한 상선의 제주해협 진입사건은 국제법상 용인된 '무해통항권'의 행사로 볼 수 있고 한국은 해양법협약 당사국으로서 이를 강제로 정선시키거나 나포할 수 없게 돼 있다. 여기서 '무해통항권'은 말 그대로 하나의 권리이기 때문에 연안국(한국)이 공익상 필요한 최소한의 경우를 제외하고는 임의로 통항을 규제할 수 없다.(해양법협약 17, 23조) 외국의 군함도 연안국 영해에 대해 무해통항권을 갖지만 잠수함의 경우에는 영해 통항 시 선적국의 국기를 게양하고 수면 위로 통항하도록 돼 있다.(동 협약 20조) 정부는 이 같은 국제법상의 오래된 관례를 고려하고 남북정상회담 이후 미래지향적 대북관계를 감안, 북한 상선의 영해진입에 대해서 단계별 대응책을 마련한 것으로 알려졌다.

다만 정부의 대응책에서도 밝혔듯이 북한 선박이 우리의 내수면이라 할 수 있는 북방한계선(NLL)인접 수역을 통과하는 것은 명백한 도발행위이므로 강력히 차단해야 할 것이다. 이와 함께 정부는 상호주의 원칙에 입각하여 북한 상선이 우리의 제주해협을 통과함으로써 절약되는 물류비만큼 우리도 인천~남포 간을 운항하는 남 측 상선이나 동해안 금강산호도 그에 상응하는 혜택을 받을 수 있게끔 북 측 영해를 통항할 수 있는 남북 간 해운협력합의서 체결을 서둘러야 할 것이다.

〈문화일보, 2001. 6. 8.〉

방북단파문은 '동전의 양면'

최근 평양통일 축전에 참가했던 남 측 방문단 일부 인사의 돌출행동으로 우리 사회에서 새롭게 보·혁 갈등이 가열되고 있는 느낌이다. 경위야 어찌됐든 남 측 방문단의 평양행사 참여는 6·15 공동선언의 정신에 따라 민간교류를 활성화시키기 위한 노력의 하나였다. 따라서 일부 인사의 몰지각한 행동이 그러한 숭고한 민족화합의 정신을 희석시켜서는 안 될 것이다.

문제의 발단은 방문단의 구성이었다고 할 수 있다. 남쪽의 자유민주주의 사회에 걸맞은 다양한 인적 구성을 우선 꼽을 수 있다. 즉 종교계 학계 여성계 노동계 학생 등 사회 각계각층 인사들은 각기 보수, 진보, 중도 노선을 망라한 이념적 스펙트럼을 띠고 있었다.

이들 중 일부가 백두산과 만경대 등지를 방문한 자리에서 북한과 김일성을 찬양하는 듯한 언행을 했다는 것은 어찌 보면 예견된 일이기도 하다. 평양은 도처에 이른바 혁명기념 조형물이 산재한 곳이어서 지난 6월 15일 금강산에서 열린 민족통일 대토론회와는 우선 행사개최 환경이 본질적으로 다른 곳이기 때문이다. 방북단원 중 일부 급진주의 진보파 인사가 북 측이 애지중지하는 '성지'를 방문해서 방명록에 북을 찬양하는 글을 남겼다고 해서 그것이 우리 대한민국의 '국기'를 흔들 정도의 파장을 몰고 오리라고는 생각되지 않는다. 북한도 그러한 글을 남긴 사람들이 남한 사회의 주류를 형성하지 않는다는 사실을 익히 잘 알고 있을 것이다.

우리는 여러 해 전에 임수경 양의 방북사건을 통해 북에서 그가 보인 자유분방한 행동으로 그들 사회에 이른바 '임수경 쇼크'를 일으키고 돌아왔던 것을 기억하고 있다. 같은 맥락에서 이번 방북단의 일부 돌출행동이 비록 바람직한 것은 아니었다 해도 적어도 남한 사회의 다원화와 다양성에 대한 인식을 확실히 심어주었다고 다른 한편으로 자위할 수 있는 측면이 있다는 사실 또한 주목할 필요가 있다. 오죽하면 북한의 행사 관계자가 300여 명의 남쪽 참가자 다루기가 북한 사람 30만 명 통제하기보다 더 어려웠다고 실토했겠는가 말이다.

자유민주주의의 강점은 바로 그러한 구성원의 다양성, 다원화에 있는 것이다. 민주주의는 학습의 과정을 거치게 마련이다. 역으로 우리는 북한 사회에 남쪽의 자유분방한 민주주의의 참 모습이 무엇인가를 보여주고 왔다고 자위하는 여유를 가질 필요도 있지 않을까 생각한다. 몇 해 전 모 대학에서 친북성향의 학생들을 교화시킬 목적으로 관계당국의 협조를 얻어 "그렇게 북한이 좋으면 북한에 가서 살게 해주겠다"고 신청을 받는다고 했더니 지원자가 한 사람도 없었다는 이야기는 현실에 있어 말과 행동이 얼마나 다른가 하는 것을 여실히 보여준 사례라고 할 수 있다. 이번의 방북단 337명 중에도 북을 찬양하는 언행을 했다 하여 사법당국의 문초를 받는 사람이 있기는 하지만 그중 어느 누구도 북한이 좋아서 그쪽에 남아 살게 해 달라는 요청을 했다는 이야기가 들리지 않는 것은 무엇을 반증하는가.

우리는 남한 사회가 그렇게 어수룩한 사회가 아닌 것과 마찬가지로 북한 사회 역시 남한의 일부 급진적인 인사가 방명록에 몇 마디 썼다고 해서 그것을 액면 그대로 받아들이지 않을 것이라는 사실을 잘 알고 있다. 문제는 우리 사회 내에서 지난 1992년 남북기본합의서 체결 이래, 더욱 구체적으로는 지난해 6·15 남북정상회담을 전후하여 좌우 이념적인 갈등이 증폭되어 사회 일각에서는 '남남갈등'이라는 용어를 쓸 정도로 과도기적인 혼돈양상을 보이는 데 있다.

민주사회에서의 이념적 갈등은 서구 선진사회에서도 있어왔고 현재에도 상존하고 있는바 이는 지극히 정상적인 정치활동의 한 모습이다. 우리 사회의 이른바 보·혁 갈등도 결국은 제도적으로 승화시켜 더욱 나은 미래를 지향해 나가야 함은 물론이며 '피아'를 가르는 이분법적인 사회분열 양상을 지양하기 위해서는 언론의 역할이 더욱 중차대함을 느낀다.

〈문화일보, 2001. 8. 29.〉

대북 '퍼주기' 논란과 평화비용

정부가 최근 재정난으로 중단 위기에 처한 현대아산의 금강산 관광사업을 지속하기 위해 일련의 지원책을 발표하면서 정치권과 일부 언론에서 '대북 퍼주기' 논란이 재연되고 있다.

즉 '밑 빠진 독에 물붓기'식의 국민 세금 낭비라는 것이 비판적 시각의 논지이다. 더 나아가 일각에서는 현 정부가 뚜렷한 반대급부 없이 북한에 너무 많은 지원을 해주었다는 주장도 제기되고 있다.

이러한 논란의 이면에는 몇 가지 객관적 사실이나 현상에 대한 인식의 괴리가 크게 자리잡고 있음을 알 수 있다.

첫째, 우리 정부가 북한에 얼마나 많이 '퍼주었느냐' 하는 문제인데 이에 관해서는 통계수치가 나와 있기 때문에 우선 검증해 볼 수가 있다.

예컨대, 1998~2000년의 민간 대북지원 규모는 1억 9249만 달러, 같은 기간 정부 차원의 지원액은 1억 1788만 달러로서 1년에 우리 돈 1300억 원의 지원인 셈인데 한국의 경제규모에서 볼 때 그리 큰 액수는 아니라는 것이다.

참고로 서독이 1972년 12월 동독과 '기본조약'을 체결한 후 1990년 통일 때까지 동독에 대한 각종 분야 지원액은 모두 296억 5000만 마르크로, 연평균 16억 5000만 마르크(약 9900억 원)였다.

30여 년 전 서독의 1인당 국내총생산(GDP)은 오늘날 한국의 1인당 GDP와 비슷한 수준이거나 다소 약세였을 것으로 생각되는바 터무니없는 비교는 아닐 것이다.

다른 예로, 북·일관계가 교착상태에 빠져 있는 상황에서도 일본은 작년 한 해 동안 쌀 50만t(9억 5000만 달러)을 지원한 것으로 알려져 있다.

둘째, 우리가 그 같은 대북지원 결과, 반대급부로 무엇을 얻었느냐 하는 것이다. 이 문제는 우리 대북정책의 궁극적 목표가 무엇인가라는 명제와 직결된다.

물론 '남북통일'이 답이 되겠지만 그 통일은 평화적으로 이루어져야 하고 그러기 위해서는 먼저 남북 간의 '평화공존'이 실현되어야 하는 것이다. 평화공존의 핵심은 피아간에 전쟁의 공포를 추방하자는 것이다.

이런 견지에서 포괄적인 정부의 대북포용정책은 그 나름의 큰 역할을 하였다. 특히, 금강산 관광사업은 분단 50년의 장벽을 허물었다는 상징성도 그렇거니와 실제로 남북 간 긴장완화와 상호이해에 기여한 바가 크다.

단적인 예가 1999년 6월 서해 연평도 근해에서 남북 함정 간에 교전이 벌어졌을 때 나타났다. 다른 때 같았으면 예의 라면, 쌀 등 '사재기' 소동이 벌어졌을 법한데 이상할 정도로 조용히 지날 수 있었던 것은 무엇보다 그러한 서해의 긴박한 상황에 아랑곳하지 않고 동해의 금강산 관광선이 북한을 왕래할 수 있었기 때문이다.

셋째, 정부의 금강산 관광지원 등 포괄적인 대북 지원은 일종의 안보 보험료 내지는 '평화분담금'이라는 사실이다.

중앙일보가 최근 바로 이 같은 맥락에서 정부 예산의 1%(약 1조

원 상회 금액) 북한 돕기운동을 펴고 있다. 그러나 이 신문이 제안하는 금액의 10분의 1의 금액 지원도 '퍼주기'라는 비판을 면치 못하는 우리네 현실에서 그런 운동이 실제로 뿌리내릴 수 있을지는 지극히 회의적이다.

올해 정부예산 중 15%에 해당하는 16조 원 정도가 국방비인데 이는 한반도에서 전쟁을 억지하고 전쟁발발 시 적을 제압하기 위한 최소한의 부담인 것이다. 국방비는 결국 전쟁이라는 불상사를 없애기 위한 소극적 차원의 평화유지 노력에 드는 비용이지만 대북 화해·협력의 추구는 이보다 한 차원 높은 이른바 '적극적인 평화'만들기의 영역이다.

따라서 그러한 적극적 평화를 위해서 일정액의 비용(대북 지원)을 안보보험료로 내는 것은 '한민족 공동체'의 슬로건을 떠나서라도 바람직한 일이다.

부시행정부 출범 이후 냉각되어 온 북·미관계가 9·11테러 사건과 뒤이은 미국의 아프가니스탄 대테러전 수행으로 가뜩이나 긴장관계에 접어들고 지난 1년여의 사실상 교착된 남북관계 상황에서 우리마저 시장경제원리를 내세워 남북 화해·협력의 상징인 금강산 관광사업을 중단한다는 것은 시기적으로도 바람직하지 않다고 생각된다.

요컨대, 한국이 미국과 동맹관계를 맺고 있는 한은 대북관계에 있어 보다 여유 있는 금도와 아량을 보일 필요가 있다.

〈문화일보, 2002. 1. 26.〉

햇볕정책과 서해교전

서해교전으로 김대중정부의 트레이드마크인 햇볕정책이 내외적으로 커다란 도전과 시련을 맞고 있다. 특히, 국내적으로는 일부 언론이 우리 측 고속정 침몰과 함께 다수의 사상자가 발생한 것을 두고 국민의 안보의식이 해이해진 탓이라며 현 정부의 햇볕정책에 과실이 있는 것처럼 보도하고 있고, 여야 간에는 그 책임의 소재를 놓고 공방이 치열하다.

그러나 서해교전과 그에 따른 피해가 햇볕정책 때문이라는 주장은 한 마디로 본말이 전도된 것이다.

널리 알려진 대로 햇볕정책의 기조는 정부의 대북 3원칙에 잘 나타나 있다. 즉 ① 북한도발 불용 ② 흡수통일 불원 ③ 대북 교류·협력 증진이다. 따라서 1999년 6월의 연평해전 때에는 햇볕정책의 제1원칙인 '북한도발 불용'에 충실하여 혁혁한 전과를 거두었던 것이다.

이번 서해교전에서는 북한 해군이 북방한계선(NLL) 이남 우리 측 수역에 들어와 아군 고속정을 격침시키고 다수의 인명 피해를 보인 후 북 측으로 되돌아갔기 때문에 국민감정이 격앙된 것이다. 즉 우리 측 수역에 내려와 있던 북한 경비정을 현장에서 격침시켰다면 여론이 그렇게까지 비등하지는 않았을 것이다. 결과적으로 북한의 무력도발을 용인한 꼴이니 그것은 햇볕정책의 제1원칙(북한도발불용)을 지키지 못한 우리 군의 대응에 하자가 있었던 것이지, 햇볕정책 자체가 잘못된 게 아님이 분명하다.

물론 우리 정부의 일관된 대북 화해·협력정책(햇볕정책)에 북 측이 화답하지 않은 데 대해 비난의 여지는 있을 수 있으나 이는 우리가 북한이라는 정치체제의 속성을 제대로 안다면 크게 기대할 것이 못 된다. 즉 남북관계에 있어서도 이른바 히딩크식의 '원칙과 기본'을 중시하는 자세가 다음과 같이 필요하다.

첫째, 남북관계는 본질적으로 긴장관계라는 점이다. 현 정부의 햇볕정책으로 북한이 그동안 정상회담 개최 등 대남 유화 제스처를 펴기도 했으나 이는 어디까지나 자신의 국익을 위한, 또 그 범위 안에서의 유화책에 불과하다는 사실을 간과해서는 안 된다.

'민주주의는 피를 먹고 자라는 나무'라는 유명한 토머스 제퍼슨의 말이 있듯이 남북관계는 '긴장'을 먹고 자라는 나무라는 것을 필자는 강조하고 싶다. 특히, 북한의 입장에서는 그것이 정치적이든 군사적이든 '긴장'을 통치의 주요 수단으로 삼고 있는바, 이는 남북관계의 상수(常數)로 보아야 하는 것이다. 즉 북한은 주기적으로 긴장을 조성, 자신의 존재 의의를 확인한다고도 할 수 있다.

따라서 북한 경비정이 이번 서해교전 이전에 몇 차례 우리 측의 경고방송을 듣고 NLL 이북으로 철수했다고 해서 이번에도 그러리라고 판단했다면 그것은 분명 희망사항이자 오산이었을 뿐이다. 더구나 북 측은 1999년 6월 연평해전에서의 치욕적인 참패를 설욕하려고 벼르고 있었을 테니까 말이다. 실제로, 보도에 따르면 김정일 국방위원장이 2000년 초 북한 해군사령부 초도순시에서 연평해전의 패배를 만회하라고 지시했다는 것이다. 그 후 정치 상황의 변화에 따라 남북정상회담이 열리면서 대남 '기획도발'이 연기되었을 뿐이다.

둘째, 군 관계 당국의 조사에서도 아군의 초기 상황 판단과 대응이 적절치 못했다는 지적이 나올 정도로 작전상의 미숙성이 노정됐다면 이는 더구나 햇볕정책과는 직접적인 관련이 없다는 것을 뜻한다.

끝으로, 우리가 간과해서는 안 될 사실은 북한이 설사 주기적으로, 또는 간헐적으로 무력도발을 일으킨다 해도 그것은 '긴장'을 주요 통치수단 내지 대외 협상수단으로 삼는 저들의 일상적 행태라는 것이다. 따라서 필요 이상으로 과잉 대응하는 것은 바람직하지 않은 결과를 초래할 수 있다고 생각된다.

즉 적과 무력으로 맞닥뜨렸을 때 가능한 한 현장에서 가용한 수단을 총동원, 상황을 종료시키는 것이 바람직하다는 것이다. 그러기 위해서는 해군이 소관부문에 현대식 화력을 더 갖추어야 함은 물론이다.

현재의 대내외적 상황에서 북한은 우리 정부의 햇볕정책과 남북관계 개선에 관계없이 '전쟁까지는 가지 않는 적절한 긴장 상태'를 조성하기 위한 도발을 앞으로도 주기적으로 시도할 것이므로 군은 이에 대한 대비에 만전을 기해야 할 것이다.

〈문화일보, 2002. 7. 10.〉

2 · 13 합의, 변형된 양자해법

구정을 앞두고 베이징으로부터 날아온 6자회담 타결의 낭보는 그동안 북핵 문제로 야기된 남북 긴장의 완화에 촉매 역할을 할 것으로 기대되나 그에 못지않은 부담도 따를 것으로 보인다.

2 · 13 합의의 요체는 북한이 핵 프로그램을 동결 · 폐기하는 전제로 보상 차원에서 에너지 지원 등을 한다는 것인바, 바로 이런 연유로 일부에서는 1994년의 제네바 핵합의 상태로 되돌아갔다고 비판적인 시각도 제기된다.

기실 형식과 내용 면에서 양자가 본질적으로는 상당한 유사성과 함께 차별화된 접근법을 동시에 보이고 있다. 즉 '핵활동 중단에 대한 보상'이라는 기본구도는 같으나 회담 형식에 관한 차이는 부인할 수 없다.

제네바 합의가 미 · 북 양자회담에 다자해법(KEDO · 한반도에너지개발기구 국제컨소시엄)을 추구했다면 이번의 2 · 13 합의는 다자(6자)회담에 양자해법을 도입한 것으로 볼 수 있다. 즉 UN 등의 다자해법 추구에서 다시 양자해법으로 회귀한 형국이다.

특히 2 · 13 합의는 6자회담 타결의 형식을 띠고 있으나 내용적으로는 회담 직전 북 · 미 양자접촉 등을 통해 사전 절충으로 합의의 대강을 마련하였고 이는 그대로 2 · 13 6자합의에 반영되었다. 이런 배경은 이번 합의문의 주요 키워드를 통해서도 확인되고 있다.

우선 다소 생경한 '불능화'(disabling) 조치라는 말이 나오는데 이는 부시 행정부가 그동안 줄기차게 주장해온 '완전하고 검증 가능하며 돌이킬 수 없는 핵 프로그램 해체'(CVID)를 지칭하는 말이다. 북한은 그동안 미국의 CVID라는 용어 사용에 대해 "패전국에나 강요하는 굴욕적인 것"이라며 강하게 반발해왔다.

또 하나는 이번 합의가 제네바 합의와 달리 최초 선적분 중유 5만 톤을 제외하고 나머지 95만 톤에 대해서는 '경제·인도적'지원 등 중유가 아닌 상응하는 다른 물자로도 지원할 수 있도록 융통성을 부여한 것이다.

이는 미 행정부가 제네바 합의에 따라 연간 50만 톤의 대북 중유 지원을 시행하면서 의회의 예산감축 조치 등으로 곤혹스런 지경에 처한 경험에 비추어 미국의 입장이 반영된 것이다.

북한 측 또한 한국전쟁 이래 미국이 시행해오고 있는 적성국교역법(TWEA)을 배제해 달라는 주문과 함께 미 국무부의 테러지원국 지정을 해제해 줄 것을 요청한바 합의문 2조 3항에 관련 문구가 들어가게 되었다. 적성국교역법 적용 문제와 테러지원국 해제 문제는 북한이 미국에 시종일관 주장하고 있는 '대북 적대시 정책'철회의 핵심 사안이라고 할 수 있다.

요컨대 이번 2·13 합의는 알려진 대로 한국과 중국의 중재적 노력에 힘입은 바 크지만 결국 핵심적인 쟁점사안의 타결은 북한과 미국 간에 상호 주고받기식의 타협을 통해 접점을 찾은 데서 비롯된다.

그러나 이 과정에서 한국은 본의 아니게 많은 비용을 떠안을까 걱정된다. 합의문에는 중유 분담에 대해서만 언급돼 있으나 한국은 이 외에도 200만KW 송전 비용, 경수로 지원 비용에 각종 인도적 지원까지 10조 원대 이상의 대북지원이 예상되는바 이는 후속 회담에서 반드시 재협의되어야 할 사안이다.

국제사회 다수의 국가가 핵 비확산 차원에서 대북지원에 참여하고 또 참여를 권장받는 것은 탈냉전 이후 지구촌 평화와 안전을 위한 일정한 몫의 평화분담금(peace dividend)을 갹출하는 데 참여하는 것으로 의미 있는 일이다. 그러나 어느 한 나라의 과중한 부담은 지양되어야 마땅하다.

〈한국일보, 2007. 2. 20.〉

'통일'환상 떨쳐야 통일이

뉴밀레니엄의 새해를 맞아 외교-안보 분야의 최대 화두는 아무래도 한반도가 언제 통일이 될 것이냐 하는 것이다. 이 분야의 해박한 전문지식을 갖춘 학자라도 '서기 2000 몇 년도에는 통일이 될 것이다'라는 식의 단언적 예측을 하는 것은 독일통일의 사례에서 보듯이 허망한 일이 될 가능성이 높다.

1990년 10월 역사적인 독일 통일이 이루어졌으나 이를 예측한 사람은 아무도 없었다.

통일 당시 서독의 헬 무트 콜 수상은 물론, 통일문제를 주관하는 내독성 관리들조차도 독일의 통일이 그렇게 빨리 올 줄은 몰랐다는 것이다. 이러한 일화가 우리에게 시사하는 바는 '통일은 인위적으로 계획하여 달성할 수 있는 것이 아니다'라는 사실이다. 세계적으로 정평이 나 있는 독일식 합리주의와 치밀성으로도 독일의 통일은 사전에 계획할 수 없었던 것이다.

바꿔 말하면 통일은 자연발생적으로 '오는 것'이지 인위적으로 '하는 것'이 아니라는 말이다.

영어의 통일을 뜻하는 unify는 하나로 만든다는 것이다. 두 개의 독립된 정체(政體)를 인위적으로 하나로 만드는 것은 전쟁을 통하지 않고는 사실상 불가능하다. 남북한이 전쟁을 해서 통일을 이룬다는 건 그 목표가 아무리 좋다고 해도 피해야 함은 물론이다.

이런 의미에서 우리의 대북정책은 '하는 통일'이 아니라 '오는 통일'을 지향해야 한다. '오는 통일'의 핵심과 목표는 남북한 간에 분단의 고통을 없애주는 '사실상의 통일'이다. 남북한 주민이 자유롭게 내왕하고 교류할 수 있다면 굳이 법적인 통일을 이룩해야 할 명분은 미약해질 것이고 이럴 경우 후대에 가서 필요에 따라 자연스레 법적 통일이 실현될 수 있다고 본다.

통일이 오는 상황, 즉 통일의 여건을 조성하기 위해서는 양 당사자 간에 정부든 민간차원이든 상호 교류의 확대를 통한 신뢰구축이 중요하며 이를 위해선 정부와 국민 모두가 상당한 인내심이 필요하다. 즉 금세기 4반세기 내에 사실상의 통일 상태를 실현하겠다는 겸허한 자세로 임하는 것이 보다 현실적이라고 생각된다.

양 독 정상회담을 비롯하여, 동서독이 본격적인 교류를 시작한 지 20여 년 만에 독일의 통일이 이루어졌으며, 1975년 헬싱키선언으로 동서 유럽의 교류가 시작된 지 15년 만에 구소련 및 동구 제국이 무너졌다는 사실을 되돌아 볼 때 우리는 먼저 그 같은 시간적인 장기성에 주목하여야 한다.

이 같은 현상(現狀)의 변경은 사회-문화 등 다방면에 걸친 교류협력의 결과 그들 주민 스스로가 그러한 선택을 한 것이지 누가 인위적으로 만든 것이 아니다. 즉 소련이나 동독이 전쟁으로 패망하거나 외부의 압력에 의해 그렇게 된 것이 아니라는 의미다.

'오는 통일'과 '하는 통일'의 구별과 관련하여 우리가 흔히 쓰는 '평화통일'이라는 말의 그릇된 점을 지적하고 싶다. 우선 '평화'와 '통일'은 상반된 개념으로서 이 둘을 합치시킨 복합어인 이 말은 연목구어(緣木求魚)식의 표현이다. '평화'는 다양성, 다원화를 전제로 한 조화상태를 나타내지만 '통일'은 강제력을 수반하여 '하나로 만드는 것'을 뜻하기 때문에 상호 이질적인 개념인 것이다. 따라서 이 말은 분리해서 평화공존('오는 통일')과 무력통일('하는 통일')로 나누어 볼 수 있으며 우리가 지향해야 할 '사실상의 통일'은 당연히 평화공존을 의미한다. 이것이야말로 통일을 오게 하는 지름길이 아닐 수 없다.

평화공존을 대북정책의 제1목표로 한다는 것은 일견 남북분단의 고착화가 아닌가 하는 의문을 제기할 수 있겠으나 현재의 남북관계 상황 아래에서는 역설적으로 조급한 '통일'의 환상을 과감히 떨쳐 버릴 때 그 결과물로 얻어질 수 있는 것이 통일이다. 즉 필생즉사 필사즉생(必生卽死 必死卽生)의 오묘한 진리와 맥을 같이 한다. 우리가 통일에 대한 집착과 집념을 강하게 가지면 가질수록 북한의 경계심은 비례해서 높아질 것이고 통일은 그만큼 멀어질 수밖에 없기 때문이다.

〈세계일보, 2000. 1. 5.〉

남북정상 '제3국 회동'도 검토를

　최근 임동원 특사의 방북으로 작년 3월 남북 이산가족 서신교환 행사 이래 사실상 교착상태에 빠져 있던 남북관계가 다시 활기를 되찾아 가는 느낌이다. 평양을 다녀온 뒤 9일 서울을 찾은 도널드 그레그 전 주한 미국대사가 전한 평양 당국자들과의 면담 내용에서도 그 같은 분위기를 읽을 수 있다. 이번 특사방북은 시기적으로도 적절하였을 뿐만 아니라 그동안 논란을 빚어 왔던 정부의 대북정책 투명성 측면에서도 고무적인 결과를 낳았다.

　남북관계는 그러나 언제나 그렇듯이 합의보다도 실천이 더 중요하다. 김대중 대통령이 8일 국무회의에서 합의 내용의 실천을 거듭 강조한 것도 같은 맥락이라고 본다. 아울러 북 측엔 종전의 예처럼 적당한 구실을 붙여 합의 사항을 사실상 파기하는 등의 작태를 보일 경우 더 이상 남북관계의 진전은 물론, 북·미, 북·일 관계 개선도 요원해진다는 점을 강조해야 한다. 우리 정부차원에서 이번 합의사항이 순조롭게 이행되기 위해서는 다음 사안을 특히 유념해야 한다.

　첫째, 북·미관계의 악화가 남북관계의 발목을 잡게 되므로 양자관계의 최대 핵심 이슈인 특별사찰(미국, 국제원자력기구 주장)과 경수로공기 지연에 따른 배상문제(북 측 주장)를 어떻게 풀 것이냐 하는 것이다. 미국과 국제원자력기구(IAEA)는 특별사찰에는 준비기간을 포함, 3~4년이 걸리므로 2005~2006년경 1기 경수로 핵심부품이 공급되기 전인 올해부터 특별사찰을 시작하자는 입장이다. 반면, 북한은 제네바합의가 정한시한인 2003년까지 미 측이 경수로 공급을 할 수 없는 상황이므로 먼저 그에 따른 손해를 배상해 주어야 한다고 주장하고 있어 타협이 쉽지 않다. 이와 관련, 정부는 개성공단 건설을 전제로 전력의 간접지원 방안을 모색하고 있는 것으로 알려져 있는데, 구체적인 전력공급 계획 등을 마련하는 데에는 시간이 걸릴 것이다.

둘째, 정부가 추진 중인 대북정책 관련 5대 핵심과제 가운데 이산가족상봉 문제를 제외한 3개의 과제(경의선 연결, 금강산 육로연결, 개성공단개발 등)가 직·간접적으로 남북 군사당국의 협력을 필요로 하므로 무엇보다 먼저 작년 초에 이미 타결한 '철도·도로 연결 군사보장합의서'를 발효시키는 일이다.

셋째, 역시 5대 핵심과제 중의 하나인 군사적 신뢰구축 문제인데 이에 관해서는 2000년 9월 제1차 남북 국방장관회담에서 합의한 대로 2차 국방장관회담을 가까운 시일 내에 '북 측 지역'에서 개최함으로써 북한이 대남 약속을 지키는 일이 급선무이다. 철도연결 관련 군사보장합의서를 발효시키는 것 자체가 중요한 군사적 신뢰구축조치이긴 하지만 남북한 국방의 최고 행정책임자가 만나는 일은 그 이상의 군사적 신뢰구축을 가져다 줄 수 있는 이벤트이기 때문이다.

끝으로, 김정일 국방위원장의 답방을 통한 제2차 남북정상회담인데 이 문제는 대선 등 금년도 국내의 주요행사가 겹쳐 준비가 여의치 못할 경우, 제3국에서 남북한을 포함한 3~4국 확대정상회담의 개최도 검토해 볼 필요가 있다. 이를 위해서는 미국이나 중국 등과의 사전 긴밀한 협의와 함께 필요하다면 유엔이나 유럽연합(EU)의 간접지원을 요청할 수도 있다. 한반도를 위요한 주요국가와 국제기구 모두 북한이 국제사회의 책임 있는 일원이 되기를 희망하기 때문이다.

〈서울신문, 2002. 04. 12.〉

북한의 반테러협약 가입의 의미

북한이 지난 11월 3일 '테러자금조달억제에 관한 국제협약'과 '인질억류방지에 관한 국제협약' 등 2개의 주요 반테러 국제협약에 가입방침을 정했다고 밝힘에 따라 그 동안 북·미 관계의 큰 걸림돌이었던 미국의 '테러지원국해제' 문제와 함께 향후 양국관계의 귀추가 주목된다.

북한 외무성 대변인은 이날 중앙통신과의 회견을 통해 북한은 테러 근절을 위한 모든 노력을 다해 왔다고 주장하며 그러한 노력의 일환으로 이번에 동 조약에 가입하기로 했다고 말했다. 북한이 가입의사를 표명한 2개의 협약 가운데 '테러자금조달억제협약'은 10월 9일 우리 정부도 서명한 협약으로서 ①테러자금 제공 및 모금행위의 처벌, ②테러자금의 몰수, ③금융거래 고객 신원확인 및 범죄관련 금융거래 보고 등을 골자로 하고 있다. 이번 조치에 따라 북한은 기존의 항공기 테러에 관한 4개 협약과 외교관 등 국제적 보호인물에 대한 범죄예방협약 등 전체 12개 유엔 관련 반테러협약 가운데 7개에 가입하게 되는 것이다.

북한의 동 협약 가입방침은 지난달 28일 미국의 요청에 따라 유엔 안보리가 전회원국을 대상으로 테러용의자에 대한 자산 동결과 자금지원 중단 등을 의무화한 결의안(제1373호)을 통과시킨데 따른 것으로 9·11테러사건 이후 국제사회의 반테러 분위기에 합류하는 북한

당국의 의지의 표현으로 보인다. 유엔은 동 결의안의 이행을 검증하고 감독할 '테러위원회'를 구성하고 결의안 채택 후 90일 이내에 각국의 이행조치를 보고할 것을 아울러 결의한 바 있다.

이와 같이 표면상으로는 북한이 유엔의 반테러 연대 움직임에 동참하는 형식을 취하고 있으나 실제로는 3차에 걸친 북·미 테러회담 합의 사항에 대한 북한측 이행조치의 일환이라고 할 수 있다. 즉, 북한과 미국은 2000년 3월이래 세 차례에 걸쳐 이른바 북·미 테러지원국해제 협상(테러회담)을 갖고 양국간 공동성명(2000. 10. 6) 등을 통해 유엔의 반테러 관련 국제협약 가입방침을 천명하였었다.

미국은 국제적으로 확산되는 테러를 방지하기 위해 1979년에 반테러법을 제정하고 테러지원국으로 지정된 국가에 대해서는 소위 불량국가(rogue state)라고 해서 강력한 경제제재 조치를 취하고 있다. 테러지원국 명단에 오른 국가에 대해 미국이 취하고 있는 제재조치는 ①무기수출금지, ②테러에 사용될 가능성이 있는 이중용도품목 수출통제, ③대외원조 금지, ④무역제재 등을 망라하고 있어 사실상 경협 전 분야에 해당된다고 할 수 있다.

따라서 북한의 입장에서 볼 때 미측의 테러지원국 해제조치가 없는 상황에서 단지 경제제재의 부분완화만을 시행하는 것은 그 실효성이 크지 않다고 판단을 했을 것이다. 이 같은 맥락에서 북한이 최근 들어 미국에 대해 집요하게 테러지원국해제를 요구하고 나선 이유를 알 수 있다.

그러나 미국은 북한과의 테러회담에서 북한이 자국의 테러지원국 명단에서 제외되기 위해서는 △현재 및 미래에 테러를 하지 않겠다는 입장 표명, △최근 6개월간 테러를 하지 않았다는 확인, △테러방지 국제협약 가입, △과거 행위에 대한 필요한 조치 등 4가지 조건을 충족시켜야 한다는 입장을 강조해 왔다. 이 가운데 '과거행위'를 제외한 나머지 3가지 조건부분에서는 북한이 최근 몇 년간 순탄하게 지켜져 온 것으로 미 국무부는 보고 있다. 이런 견지에서 북한의 금번 테러협약 가입조치는 미국의 주요한 전제조건의 하나를 충족시키는 노력의 일단으로 해석돼 여건조성에 긍정적으로 작용할 것으로 보이나 아직 '과거행위에 대한 필요한 조치'가 남아 있어 북한의 후속조치가 어떻게 나타날지 관심을 끈다.

미 국무부는 금년 5월 1일 발표한 연례 세계 테러보고서에 의하면 북한을 테러지원국으로 재지정한 이유의 하나로 1970년 일본항공(JAL)기 납치범(적군파)에 대해 북한이 은신처를 제공한 사실을 들고 있어 이 문제에 대한 해결책이 강구되지 않고서는 미국측의 태도 변화를 기대하기 어려울 것으로 보인다. 이에 관해서는 작년에 일본의 일부 언론에서 북한이 일본항공 '요도'호의 납치범 7인을 국외로 추방할지 모른다는 추측기사가 나오기도 하였는데 북한이 이번에 '인질억류 방지를 위한 국제협약'에 가입하게 되면 조만간 긍정적인 조치가 있지 않을까 기대해 본다.

북한의 테러지원국 해제문제는 북-미 관계개선의 핵심 현안으로서 단지 양국간의 관계개선 차원뿐만 아니라 현재 교착상태를 크게 벗어나지 못하고 있는 남북한 관계는 물론, 한반도를 위요한 동북아 냉전구도 해체에도 결정적인 작용을 할 것이므로 초미의 관심사가 아닐 수 없다.

〈민주평통, 2001. 11. 30.〉

제 4 부

국내시사(國內時事) 편

국가안보와 경제 민주화의 과제

우리는 흔히 국가안보라고 할 때 주로 군사적 수단을 사용하여 외부의 침략을 저지하거나 전쟁을 수행하는 것을 떠올린다. 그러나 이데올로기의 대립이 무색해진 21세기 탈냉전의 시대에는 그 같은 국가 간의 전면전을 상정하기보다는 국가내부에서의 반란, 소요, 내전 등이 더 큰 국가안보의 주제가 되고 있다. 따라서 국가안보의 개념도 과거의 군사적 능력 위주에서 경제, 사회, 환경적 요인 등으로 그 범위가 확대되는 양상이다. 그중에서도 국민의 '먹고 사는' 문제와 직결된 경제적 요인은 날로 비중이 커가고 있다.

국가안보 저해 정치 · 사회적 불안 상대적 빈곤서 기인

국가안보를 내부적 요인으로 재단해 볼 때 가장 비극적인 상황은 혁명이 일어나는 것이다. 혁명은 왜 일어날까? 18세기의 프랑스 대혁명(1789년)이나 20세기에 일어난 러시아 볼셰비키혁명(1917년), 멕시코 농민혁명(1911년) 등은 모두 전제정치하의 절대빈곤 상태에서 발생한 것이다. 즉 절대 다수의 국민들은 기아선상에서 허덕이고 귀족이나 승려 등 지배 엘리트 계층이 부를 독점하는 체제를 이른다.

예컨대, 이와 관련해 프랑스 혁명 당시 지배층과 민중 간 생활양식의 괴리가 얼마나 컸었나를 극명하게 보여주는 일화가 있다. 루이

16세 왕비 마리 앙투아네트는 혁명의 발단이 된 식량폭동이 일어나자 "빵이 없으면 고기도 먹고 들에 나가 풀도 뜯어 먹으면 되지 않느냐"고 했다는 것이다.

오늘날 자유민주주의 체제하에서는 전 시대의 그러한 정치적 폭력(혁명) 사태가 일어날 확률은 희박하다. 다수의 국가가 한국의 '보릿고개'와 같은 먹는 문제는 일단 해결한 상태이기 때문이다.

그 대신 국가안보를 저해하는 정치 · 사회적 불안은 그와 같은 절대빈곤에 못지않게 상대적 빈곤에서 더욱 싹틀 수 있다는 것이다. 미국의 정치학자 테드 거(Ted R. Gurr)는 그의 명저, '인간은 왜 반란을 일으키는가(Why Men Rebel)'에서 이를 체계화하여 '상대적 박탈감(relative deprivation)'이란 말을 유행시켰다.

그에 따르면 '박탈감'은 개인적이거나 집단적일 수 있는데 그 요체는 '국민들의 기대치는 계속 상승하는 데 비해 이 기대치를 만족시켜 줄 수 있는 체제능력이 한정적'인 데서 빚어진다. 이러한 상황이 장기화될 때 사회불안이 야기되고 이는 다시 정치불안을 불러오며 궁극적으로는 정치폭력으로 이어진다는 것이다.

즉 정치 · 사회적 불안은 사회 계층 간의 빈부격차가 심해지고 국민이 고루 다 잘살게 되지 못할 때, 싹트기 시작하는 것이다. 오늘날 러시아에서는 고급 아파트에 사설 경호원을 배치하고 미국의 뉴욕 등 대도시에서는 일몰 후 거리나 지하철에 사람의 통행이 뜸해지는 이유가 바로 심각한 빈부격차로 인해 치안이 불안하기 때문이다. 또한, 중남미 일부 국가에서는 도시 빈민 게릴라의 출몰로 치안이 극도로 불안하고, 심지어 브라질은 도시 빈민가 지역을 담으로 에워싸서 일반 주거지역과 차단시키는 작업을 한다는 외신 보도까지 접하게 된다.

우리 사회 부의 편재화 심화
……범정부·국민적 차원 대책 마련 시급

과연 우리나라는 이러한 외국의 사례를 '강 건너 불'처럼 안이하게 생각할 수만 있을까. 우리 사회의 빈부격차 등 사회문제가 아직 폭발단계에까지, 즉 비등점에는 이르지 않았다고 하나 이는 시간이 지남에 따라 장담할 수 없는 상황이다. 다시 말해 우리 주위에 돈이 없어서 학업을 중도에 포기해야 하고 병원비가 없어서 부모나 자식이 손쓸 겨를도 없이 죽어가는 모습을 곁에서 속절없이 바라봐야 하는 이웃이 적지 않다는 현실을 직시할 필요가 있다.

요컨대, 급속한 경제성장과 함께 나타난 우리 사회의 빈부격차와 최근 부동산 가격 폭등으로 부의 편재화 현상이 심화된 것과 관련, 범정부·국민적 차원에서의 대책 마련이 시급하다는 것이다.

위의 '상대적 박탈감'과 관련, 우리의 국민정서가 얼마나 이에 민감한가를 보여주는 단적이 예가 있다. 속담에 '사촌이 땅을 사면 배가 아프다'거나 '배고픈 건 참아도 배 아픈 건 못 참는다'고 하지 않던가. 이 같은 '악조건'(?)의 한국사회에서 부자나 재벌기업이 존경받는 길은 무엇일까.

올해는 정치민주화의 상징인 6·29선언 20주년이 되는 해이다. 1987년 6월 항쟁의 결과 '권력의 정통성(legitimacy)'은 얻게 되었으나 아직까지도 '부(富)의 정통성' 문제만큼은 미해결로 남아 있는 게 현실이다. 즉 경제민주화의 요체인 '조세정의'가 실현될 때 부의 정당성도 인정되고 사회보장이나 사회복지를 위한 재원도 마련될 수 있기 때문이다.

조세정의란 단순한 논리이다. 많이 버는 사람, 많이 가진 자가 세금을 많이 내고 적게 버는 사람, 적게 가진 자가 적게 내는 것을 이른다. 그렇게 함으로써 빈자들의 인간적인 삶을 나라가 보장하여 국가공동체가 가진 자와 그렇지 못한 자 사이의 극심한 대립으로 붕괴되는 것을 막는 완충제 또는 보험료 같은 역할을 하는 것이다.

여기서 조세정의를 특별히 강조하는 것은 얼마 전까지만 해도 우리 현실이 그렇지 않았다는 데 있다. 예컨대, 2002년 건교부가 조사한 바에 따르면 서울 강북에 사는 사람이 강남에 사는 사람보다 재산세를 평균 5.5배 많이 냈다. 평수가 같다는 이유만으로 그 당시 10억짜리 아파트에 사는 사람과 2억짜리 아파트에 사는 사람이 같은 세금을 낸다는 것은 어불성설이다.

형평과세, 경제민주화 위한 최우선 과제

노무현정부에 들어와 이런 기현상은 많이 해소되었지만 2006년에도 강남구청들의 탄력세율 적용으로 강북 주민들이 강남 주민들보다 상대적으로 세금을 더 많이 내는 '재산세 역전현상'은 완전히 해소되지 않았다. 형평과세는 경제민주화, 즉 부의 정통성을 세우는 지름길이며 우리의 취약한 사회보장 재원을 마련하기 위해서도 최우선 순위를 두어 추진해야 할 역점 과제가 아닐 수 없다.

경제민주화를 위해 '조세정의'의 확립이 국가적 과제라면 부자 개인적 차원에서는 사회지도층에 따르는 솔선수범의 자세 또한 중요하다. 서양에서는 '노블레스 오블리주(Noblesse oblige)'라 하여 고대 로마시대에 원로원 귀족들과 그 자제들이 전쟁이 나면 제일 먼저 전쟁터에 나아가 목숨을 바쳤으며 세금도 제일 많이 냈다. 중세 봉건시대에도 그러한 전통은 기사제도를 통해 이어져 왔다.

　　조선조 최고의 부자로 알려진 경주 최부잣집 300년 부의 비결은 우리식의 노블레스 오블리주의 전형이라고 할 수 있다. 비결은 다름 아닌 그 집안 가훈에 있었다. 즉 '흉년기에는 땅을 사지 마라', '며느리들은 시집 온 후 3년 동안 무명옷을 입어라', '사방 백리 안에 굶어 죽는 사람이 없게 하라'는 가르침이 있었던 것이다. 요컨대, 가진 자의 나눔의 정신 또는 사회적 책임을 말하는 것이다.

　　이런 의미에서 최근 모 재벌회장이 '보복폭행'사건으로 사회적 물의를 일으킨 처사는 사회지도층의 준법정신은 물론 노블레스 오블리주가 왜 필요한가를 일깨워주는 계기가 됨과 아울러 경제민주화의 갈 길이 아직도 멀고나 하는 느낌을 지울 수 없다. 요컨대, 우리 사회의 '유전무죄(有錢無罪), 무전유죄(無錢有罪)' 논란도 탈세나 형평과세 못지않게 경제 민주화를 위해서는 하루빨리 불식되어야 할 대상이다.

〈국정브리핑, 2007. 5. 16.〉

세계화와 '연성국력'

"네가 나를 모르는데 난들 너를 알겠느냐."

한때 유행했던 김국환의 '타타타' 노래 가사 중의 한 구절이다.

한미 FTA를 계기로 바야흐로 세계화로 치닫고 있는 우리에게 자문해야 할 또 다른 화두가 있다. "내가 나를 모르는데 넌들 나를 알겠느냐"는 것이다.

손자병법에도 '지피지기(知彼知己)'란 말이 있다. 국제화 시대에 남을 아는 것도 중요하지만 그에 못지않게 자신을 아는 것이 필요하다는 것이다. 가장 한국적인 것이 가장 세계적이라는 말도 있지 않은가.

우리의 '한국적' 정체성 잘 알아야 '세계화' 성공

인종, 언어, 문화 등 사회적 지표상으로 한국이 세계 유일의 단일민족이라는 사실은 오래전부터 알려져 왔다. 우스개 소리로 지구촌 거의 모든 국가가 가입돼 있는 유엔으로부터 '천연기념물' 지정을 받아도 마땅할 만큼 독보적인 존재가 한국이다.

세계화와 개방화는 지구촌 사회의 거스를 수 없는 대세이다. 그러나 그런 가운데서도 가급적 '자기 것'을 알고, 보존하고 지키려는 노력은 아무리 강조해도 지나치지 않다고 생각한다. 첫째, 민족의 동질성은 가능한 지키도록 노력하자는 것이다.

통계청 발표에 따르면 지난해 결혼한 우리 국민의 13.6%가 외국인을 배우자로 택한 것으로 나타났다. 특히 농촌 총각의 경우 35.7%가 베트남 등의 동남아 출신 신부를 맞았다. 일부 군 단위 지역에서는 국제 결혼율이 40%에 달했다. 문화와 관습의 차이 등으로 이들의 이혼율이 50%에 달한다는 통계도 있지만 어쨌든 농·어촌 국제 결혼으로 태어나는 2세 혼혈아동들이 벌써 초등학교에 입학하면서 피부색이나 언어, 문화의 차이로 학교에서 집단 따돌림을 당하는 등 사회문제가 야기되고 있다.

언어, 문화의 차이는 세월이 가면 자연 동화되지만 외모가 다른 것은 쉬 극복되지 않는다. 1619년 미 대륙에 최초의 흑인 노예가 들어온 지 400여 년이 지난 오늘날에도 흑백 인종 분규가 끊이지 않는 이유가 이와 무관치 않다. 그러나 한 지방 초등학교에 다니는 중국·일본계 혼혈아동들의 경우, 학교생활에 적응하는 데 별 어려움이 없었다. 피부색과 외모가 비슷해 담임교사들조차 어머니가 외국인인 줄 몰랐다는 것이다.

인종 차별적인 시각으로 이런 주장을 하는 것은 결코 아니다. 다만 우리 사회의 화합과 동질화, 장기적인 사회 안정을 위해 좀더 나은 방법이 있다면 그것을 찾아야 한다는 것을 말하고 싶다. 한국보다 인구나 경제력 규모가 몇 배나 더 큰 일본이 외국인 노동 인력을 철저히 관리하면서 한국과 비슷한 20만 명(불법체류자) 수준으로 유지하는 이유를 생각해 봐야 한다.

한글, 문화교류 매개로 적극 활용해야

둘째, 우리 고유의 문자와 언어인 '한글'의 참뜻을 되새길 필요가 있다.

한글이 '인류의 위대한 지적 유산 가운데 하나'라는 사실은 익히 알려져 있다. 한글의 독창성, 과학성, 합리성은 세계의 언어학자들 사이에서도 그 우수성이 인정돼 한국어를 세계 공통어로 하자는 제안까지 나왔다는 언론보도도 꽤 오래전의 일이다.

한국이 세계에서 문맹률이 가장 낮은 나라에 속하고 IT와 인터넷 강국이 된 것도 기실 한글의 편리성이 촉매 역할을 했다는 평범한 사실을 우리는 쉽게 잊는다. 한글을 체계적으로 연구하고 발전, 보급시키는 것도 중요하나 더 나아가 대외적으로 적극 홍보와 함께 문화교류 증진의 매개 역할을 보다 전향적으로 도모할 필요가 있다.

같은 맥락에서 한글의 전문 연구기관인 '국립국어원'의 명칭도 유네스코 문화유산에 어울리게 '한글연구원' 등으로 개칭함으로써 명칭에서부터의 폐쇄성을 벗어나야 할 것이다.

또한 한글날(10월 9일)이 1991년부터 공휴일에서 제외돼 왔는데 이를 다시 복원하여 국민들이 일상생활에서 말하고 쓰는 우리말에 대한 소중함을 일깨우는 노력이 뒤따라야 하겠다. 한글날의 위상이 낮아지게 된 배경은 당시 10월에 공휴일이 너무 많아 노동자들의 생산성이 떨어져 경제발전에 장애가 된다는 이유에서였다. 이것도 오늘의 현실에 합당치 않다.

이른바 선진국 클럽이라고 하는 경제협력개발기구(OECD)가 발간한 '통계연보 2005'에 따르면 한국은 30개 회원국 중 연간 근로시간(2390시간)이 가장 길었으며 주당 평균 근로시간(44.1시간)도 OECD 평균(31.4시간)보다 훨씬 많은 것으로 나타났다. 이 밖에 현재 법정 공휴일이 16일이라고 하지만 매년 토, 일요일에 공휴일이 겹치는 4~6일을 제외하면 결코 많은 것이 아니다. 일본을 포함해 구미 선진국들은 같은 경우 그 다음 평일에 휴무하기 때문이다.

고유문화 지켜가는 노력 계속되기를

끝으로 '문화'와 관련하여 우리네 '효'문화의 중심인 한식날을 다시 법정 공휴일로 복원시킬 필요가 있다. 4월 5일은 원래 식목일 공휴였으나 절기상 한식일이 거의 겹치게 되기 때문에 우리 국민들은 이 날 조상 묘소를 찾아 성묘와 함께 벌초와 식목을 겸하는 '다목적의' 뜻깊은 날이었는데 지난해부터 주5일제 근무에 따른 공휴일 조정 때 제외토록 되었다.

진정으로 우리의 고유문화를 지키기 위해, 또 그 소중함을 알고 기리기 위해 공휴일을 하루 이틀 늘리는 것이 의미 있는 일이라면 신중히 고려해 볼 필요가 있다고 본다.

1995년 WTO체제 출범을 전후하여 일기 시작한 세계화의 소용돌이가 이제 진일보하여 주요국(칠레, 싱가포르, EFTA, 미국)과의 FTA 체결로 국경의 의미가 갈수록 무색해지는 개방화의 시대를 맞고 있다.

미국은 한미 FTA를 체결하면서 이른바 '미키마우스 보호법'(Mickey Mouse Protection Act, 1998년)이라는 국내법을 원용하여 자국인의 저작권을 저작권자 사후 70년까지로, 20년 연장하는 안을 포함시켰다.

차제에 우리도 개방의 강도에 비례하여 조상의 혼과 얼인 고유문화를 지키기 위한 노력을 배가시켜 나가야 마땅하다. 이와 관련, 유럽의 전통적인 문화선진국(영국, 프랑스, 이태리 등)들도 EU의 통합지향성과는 별도로 각자의 고유문화 보존에 진력하고 있음을 우리는 잘 안다.

굳이 '한류'를 들먹이지 않더라도 조셉 나이 교수가 말하는 21세기의 '연성국력(soft power)'이 '문화력'에서 온다는 것은 이제 상식이 돼가고 있다.

〈국정브리핑, 2007. 4. 20.〉

좌우 이념논쟁의 아이러니

요즘 민주당의 대선후보 경선 열기가 달아오르면서 언론과 정치권 일각에서 때 아닌 좌우 이념논쟁이 벌어지고 있다. 다음과 같은 몇 가지 이유에서 '이 바쁜 때' 우리가 그렇게 소모적인 논쟁에 시간과 노력을 허비해야 되는지 회의적인 생각이 든다.

첫째, 좌우 이데올로기 논쟁은 시대착오적인 것이라는 사실이다. 1990년을 전후한 소련·동유럽권의 와해와 함께 공산주의 이데올로기는 이 지구상에서 사라졌다 해도 과언이 아니다. 현재 공식적으로 공산주의를 택하는 나라가 몇 있지만 체제변혁의 진통을 겪고 있는 북한을 제외하고, 예컨대 베트남과 중국을 공산주의 국가로 생각하는 사람은 그리 많지 않을 것이다.

레닌의 볼셰비키혁명 이래 70년 이상 '공산주의'를 실험한 러시아에서조차 공산당이 집권할 가능성이나 스탈린식 사회주의로 돌아갈 가능성은 지극히 낮은 것으로 각종 여론조사에서 나타나고 있다. 최근 중국을 방문하고 돌아온 우리 기업인들이 이구동성으로 중국 사람들이 자본주의 국가인 미국이나 한국 사람보다 더 자본주의적이라고 말하는 것은 무엇을 의미하는가. 다시 말해 역사의 흐름을 거역하기 어렵다는 것이다. 이른바 '이데올로기의 종언' 시대에 옛 공산 종주국인 러시아와 중국에서도 환영받지 못하는 좌파 이데올로기가 왜 한국에서 거론되는지 알 수 없다.

둘째, 우리나라가 대통령 한 사람이 바뀐다고 해서 모두가 그 사람 뜻대로 다 되는 나라도 아니라는 것이다. 그렇게 되기에는 우리의 국민 의식수준이 이미 너무 높아져 있다. 우리네 짧은 헌정사에 '용공' 시비에 관련된 첫 번째 대통령으로 박정희 대통령을 꼽을 수 있다. 1960년대 윤보선 후보와의 대선에서 실제로 그의 용공 시비가 불거진 적이 있다. 박 대통령이 남로당 군사총책으로 몰려 여순반란 사건으로 군법회의에서 무기징역까지 선고받았던 사실을 세상은 다 알고 있다. 그가 '수출입국'을 주창하며 오늘날 한국경제의 초석을 쌓았다는 것을 부인하는 사람 또한 없을 것이다. 박 대통령은 마산 자유수출공단 설립 등 외자 유치에도 진력했던 사람이다. 이러한 그의 정책은 좌파 이데올로기와는 전혀 상반되는 내용이다.

원래 '좌파' '우파'라는 말은 영국 의회에서 과거 토리당과 휘그당이 각기 보수와 자유주의적인 정치이념에 따라 의회의 좌석 배치가 구별된 데에서 유래한 것으로 알려져 있는데, 이것은 학문적으로도 논란이 많은 용어이다. 예컨대, 자유주의라는 말도 당시 영국에서는 '진보적'으로 볼 수 있었지만 오늘날에는 신자유주의를 포함해서 보수적 이념으로 치부하는 것이 일반적인 경향이다. 좌파다 우파다, 진보다 보수다 하는 것들은 결국 그 시대와 상황에 따라, 또 주장하는 논자에 따라 가변적이기 때문에 특정 인물이나 사건에 접목시키는 것은 주관적 판단에 의한 오류의 가능성이 커진다.

용공 시비의 또 다른 경험은 현재의 김대중 대통령 정부이다. 김대통령은 현재 언론이나 정치권 일각에서 우리의 헌정사상 가장 좌파 성향이 강한 대통령으로 치부되지만 지난 4년간 그의 시책은 역대 어느 정부 못지않게 '자본주의적'인 것으로 나타나고 있다. 국제통화기금(IMF) 환란 이후 현 정부가 유치한 외국 자본이 400억 달러가 넘는 것으로 알려져 있는데, 그 이전의 역대 대통령이 유치한 외자의 총액보다 많다는 사실은 무엇을 말하는가. 지수가 높을수록 소득 불평등이 심하다는 것을 의미하는 지니계수가 김대중정부 아래서 더 높아졌다는 최근의 언론보도는 '붉은' 대통령과는 전혀 상반되는 이야기이다.

사정이 그렇다면 역으로 생각할 수도 있다. 사회의 소외된 계층, 어려운 사람들에 대한 배려가 상대적으로 많다는 진보적 시각의 대통령조차 바로잡지 못하는 우리의 경제현실을 누가 바로잡을 수 있겠는가. 정치의 요체가 무엇인지는 너무도 자명하다. 좌우파 이데올로기도 아니고 공산주의·자본주의 싸움도 아니다. 그저 국민의 입장에서는 간단히 말해서 두루 '잘 먹고, 잘 살게' 해주는 것이다. 덩샤오핑(登小平)식 흑묘백묘론(黑猫白猫論·검은 고양든 흰 고양든 쥐만 잘 잡으면 된다)으로 돌아가자는 것이다.

끝으로 우리나라의 고질인 지역·학벌·혈연주의 등으로 이미 사회가 사분오열되어 있는 판국에 이제 보수다 혁신이다, 좌파다 우파다 하고 하나 더 가세하여 이 사회의 분열 양상을 더욱 심화시킬 필요가 있겠는가 하는 것이다.

세계 최대의 반도체 D램 생산국, 세계에서 가장 앞선 초고속 통신망 시설, 세계 5위의 자동차 생산국 등 과학기술의 첨단을 걷는 한국을 국제사회는 주목하고 있다. 정치도 이제 합리주의와 정도를 지향할 때라고 생각된다.

〈문화일보, 2002. 4. 13.〉

복지 청사진 왜 제시 않나

바야흐로 연말이다. 매년 이맘때가 되면 구세군의 자선냄비를 비롯하여, 자선단체들의 불우이웃돕기 행사가 벌어지는 시기이기도 하다. 올해는 특히 대통령선거까지 겹쳐 여느 때와 달리 우리의 복지제도를 생각해 보게 된다.

한 나라에 있어서 사회복지의 실현이라는 것은 한 마디로 말해 사회적 약자인 노인·장애인·소년소녀 가장을 포함한 생활보호대상자(영세민)들에 대한 국가 차원의 공적 부조를 뜻한다고 해도 과언이 아니다.

사회복지를 이런 측면에서 이해한다고 가정할 때 오늘날 우리 사회의 가장 큰 문제는 사회계층 간의 소득 격차라고 할 수 있다. 전국적으로 결식아동의 숫자가 16만 명이 넘는다는 이 나라의 특급호텔에서 지금 이 시간에도 한 끼 식사에 10만 원이 넘는 외식을 즐기는(?) 이가 부지기수라는 것은 뭘 말하는가.

지난번 총리인준 청문회 때 우스갯소리처럼 나돈 말 가운데 "한자리 하려면 재산이 수십억은 있어야겠다"는 것이 남의 말처럼 들리지 않는 까닭은 그분들의 재산형성 과정은 차치하고라도 그만큼 우리 사회에 빈부격차가 심화돼 가고 있다는 증좌다.

국내 정치사상 가장 좌파적이라는 현 정부 들어서도 사회적 소득불평등을 나타내는 지니계수가 현저히 높아짐으로써 빈부 간의 격차는 확대일로를 걷고 있음이 통계상의 수치로도 나타나고 있다. 빈부격차, 즉 빈익빈 부익부와 사회복지 문제는 동전의 양면과 같다. 재산이 많은 사람은 '사회복지' 이전에 '개인복지'(?)가 가능하기 때문이다.

일전 TV 시사프로에서 난방도 제대로 안되는 0.7평짜리 쪽방에 홀로 사는 80대 노인의 힘겨운 삶의 모습을 보고 적지 않은 충격을 받았다. 필자가 전에 잠시 거주했던 스웨덴의 노인들 생활과는 사뭇 다른 현실이었기 때문이다. 국가가 모든 노인들, 특히 저소득층 노인들의 의료혜택·주택·급식까지 책임지는 스웨덴과는 너무도 대조적이었던 것이다.

혹자는 우리나라를 어떻게 세계 최고의 복지선진국인 스웨덴과 비교할 수 있겠느냐고 힐문하겠지만 한국도 이제 더 이상 낙후된 후진국이 아니라는 사실을 잊지 말아야 할 것이다. 경제력 규모나 교역액으로 따져도 세계 12~13위 국가이고, 선진국클럽이라고 하는 경제협력개발기구(OECD)에 가입한 지도 6년이 지나지 않았는가. 더구나 올림픽과 월드컵을 성공적으로 치른 선진 시민의식을 지닌 나라가 아닌가.

필자가 여기서 사회복지 문제와 더불어 우리 사회의 빈부격차 문제에 각별히 관심을 가지는 데는 나름대로의 이유가 있다. 잘 알려진 대로 자본주의 사회에서의 빈부격차 문제는 어느 정도 보편화된 현상이라고 치부할 수도 있다. 대표적인 예로 우리는 한국보다 더 심하다는 미국 사회의 빈부격차를 곧잘 이야기한다. 이는 한 마디로 한국과 미국의 사회 성원 구성의 본질을 망각한 처사다.

한국은 세계에서도 유례가 드문 단일 민족과 언어, 문화 등 동질성이 강한 나라다. 이러한 사실은 우리가 일상생활에 흔히 쓰는 언어적 습관에서도 여실히 나타난다. 전 국민이 오빠(brother)이고 아저씨(uncle), 아주머니(aunt), 할머니·할아버지(grandmother/father)인 호칭으로 교차되는 나라는 우리나라밖에 없다는 것이다. 이것은 바로 세계를 놀라게 한 월드컵 응원 열기와 함께 우리 국민의 동질성이 얼마나 강한지를 극명하게 보여주는 사례다.

요컨대, 미국과 같은 다민족·다언어·다문화 사회에서는 사회의 빈부격차가 현실 생활의 일부분으로 수용될 수 있으나 '사촌이 땅을 사도 배가 아픈' 나라에서는 빈익빈 부익부의 빈부격차 현상이 날로 확대·지속된다면 머지않은 장래에 미증유의 사회 불안 요인으로 대두될 가능성을 배제할 수 없다. 선거철을 맞아 다시 한 번 생각해본다. 정치의 요체가 무엇인가. 한마디로 국민을 고루 '잘 먹고 잘 살게' 하는 것이다. 보혁의 갈등도 좌우의 이데올로기 싸움도 아니고 일부 한정된 계층의 지연·혈연·학연의 나눠먹기판은 더욱 아니다.

이제 얼마 안 있으면 대선이 있고 또 새로운 정부가 출범하게 된다. 주요 정당의 선거공약이라고 할 수 있는 정강·정책에 빈부격차에 대한 적극적인 대책과 함께 보다 구체적인 사회복지정책을 기대해본다. 거짓 공약(空約)이 아닌 진짜 공약(公約)이 될 수 있도록 예산의 뒷받침(조세정책)을 어떻게 하겠다는 것까지를 포함한 공약 말이다.

〈문화일보, 2002. 12. 11.〉

안보불안 부추기는 여야정쟁

4일 국회의 국방부 국정감사장에서는 여야 의원이 북한 장사정포의 대남 위협을 두고 똑같은 국책연구기관의 각기 다른 보고 자료를 인용하며 정반대의 주장을 내놓는 해프닝이 벌어졌다. 한 마디로 야당 의원은 북한 장사정포의 위협이 심각하다는 것이고, 여당 의원은 별거 아니라는 이야기이다.

유사시 북으로부터 수만 발의 포탄이 날아와 수도 서울의 3분의 1이 순식간에 파괴되고 서울이 보름 만에 함락된다는 야당 의원의 주장이나 우리 군의 즉응 태세가 잘 갖춰져 있어 크게 문제될 게 없다는 여당 의원의 반론이 정면으로 대치하는 상황에서 국민은 어느 장단에 춤을 춰야 할지 모를 지경이다.

같은 날짜 신문에는 주한미군 1만 2500명의 철군계획이 확정됐다는 뉴스에다 알카에다가 한국을 이슬람 테러의 공개 표적으로 지목했다는 기사가 함께 실려 있다. 또한, 보수 시민단체와 종교계 인사 등 10만여 명이 국가보안법 폐지에 반대하는 대규모 집회를 열었다는 보도도 함께 나와 있다. 우리 국민은 가뜩이나 경제도 안 좋은 상황에서 그러한 일련의 기사만으로도 안보불안감에 가위 눌려 있을 정도인데 설상가상의 국면을 연출한 것이다.

사실 최근 여야 간에 정국 현안을 놓고 정면 대치하는 양상은 민생은 외면한 채 국민의 안보불안감만 가중시키는 방향으로 나아가는, 즉 당리당략적 차원에서만 현상을 바라보는 것이 아닌가 하는 착각을 일으키게 한다.

우선, 북한의 자주포와 방사포 등 장사정포의 위협에 대한 논란은 어제 오늘 벌어진 게 아니다. 지난 1994년 3월 남북특사회담 당시 북한 박영수의 이른바 '서울 불바다' 발언이 나왔을 때 한 차례 파란이 일었고, 보다 최근에는 2001년 3월 한미연합사 토머스 슈워츠 사령관이 미국 상원 군사위 증언에서 그 위협의 심각성을 경고한 바도 있다. 슈워츠 장군에 따르면 휴전선 일대에 포진돼 있는 8000문의 북한군 야포가 시간당 50만 발의 포탄을 남쪽으로 쏟아 부을 수 있다는 것이다.

이번 여야 간 엇갈린 북한의 위협 분석을 접하면서 느끼는 소감은 무엇보다 먼저 불확실한 통계상의 수치는 믿을 것이 못 된다는 것이다. 북한의 야포만 하더라도 분석 기관별로 8000문에서 1만 2000문까지 다양한 평가가 나와 있다. 그리고 장사정포(자주포, 방사포 등)만 놓고 볼 때도 300문에서 4400문(국방연구원 자료)까지 다양한 주장이 엇갈리고 있다. 또한, 적의 시간당 발사 포탄 수도 이번에 나타난 것처럼 4000여 발에서 2만 5000발, 슈워츠의 50만 발 등 천차만별인 것이다.

필자가 보기에 이러한 통계 수치상에서 빠진 중요한 고려 요소 가운데 하나는 북한이 현재 보유하고 있는 것으로 추정되는 최대 5000톤에 이르는 화학작용제의 행방이다. 북한이 전방에 배치한 장사정 야포나 스커드 미사일의 15~25%에 화학탄이 장착된 것으로 알려져 있어 이것이 우리에게는 한층 더 가공할 위협이 되는 것이다.

지금 우리 국민은 '행정수도 이전' '미군감축 · 용산기지 이전' '알카에다 테러공격 위협' '국보법 개폐 문제' '화폐 리디노미네이션' '과

거사 규명' 등 산적한 정치·안보 현안으로 심신이 지쳐 있는 상태
다. 그런데 여기에다 북한의 장사정포 위협까지 보태어 '맞다' '아니
다' 하는 논쟁을 펼친다는 것은 현명한 처사가 아님이 분명하다.

　미국이 9·11 당시 여야가 하나가 되어 대테러전을 초당적(bipartisan)
으로 지지한 것이나 프랑스에서 대통령과 총리가 출신 정당이 다른
좌우파 동거(cohabitation)정부 아래에서도 대외적으로는 국론을 하
나로 모으는 지혜를 발휘하는 것을 타산지석으로 삼아야 하지 않겠
는가. 요컨대, 주요 정치 현안으로 인해 국론이 사분오열되고 여야
간에 소모적 논쟁이 지속되는 동안 시급한 민생 문제는 점점 더 뒷
전으로 물러나 앉게 되는 것은 아닌가 하는 우려스러운 심정이 비단
필자만의 느낌은 아닐 것이다.

〈문화일보, 2004. 10. 5.〉

알 권리와 국가기밀 보호

새해 벽두부터 '국민의 알 권리'를 둘러싼 논란이 정치권에서 일고 있다. 정부가 지난해 말 국무총리 훈령인 '국회 및 당정협조 업무지침'을 개정해 군사·외교 관계 기밀자료의 국회 제출을 거부할 수 있도록 '보안성'을 강화시킨 데 따른 것이다.

이에 대해 야당에서는 '정부의 관행적 비밀주의'를 더욱 강화한 것으로서 견제와 균형 원리에 입각한 3권 분립의 기능을 저해하며 국민의 알 권리를 침해하는 발상이라고 강력히 반발하고 나섬으로써 기존의 4대 입법 정국 현안과는 별도로 새로운 정치 쟁점으로 떠오르고 있다.

이 같은 일련의 사태는 작년 10월 국정감사 시 일부여야 의원의 폭로성 군사기밀 유출 사건이 발단이 되어 최근 국회 윤리위원회로부터 당해 의원들이 징계 결의를 당한 것과 무관하지 않다.

앨빈 토플러가 지적한 대로 현대 사회에 있어 진정한 권력의 수단이 정보라는 것은 두말할 나위가 없다. 여기서 민주주의의 핵심 원칙이라 할 언론의 자유와 관련된 '국민의 알 권리'와 '국가기밀 보호' 필요성이 충돌할 경우, 그 해법이 그리 간단하지만은 않다. 그러나 민주 사회에서의 기본원리는 '국민의 알 권리'에 무게의 중심이 실리는 것이 상례이다.

미국 의회가 1966년 정보자유법(FOIA)을 제정하여 국민의 알 권리를 강화한 것이나 우리나라가 선진국들의 선례에 따라 이와 유사한 정보공개법(1998년)을 시행한 것도 같은 맥락에서 이해된다.

위 논란의 와중에서 우리에게 슬기로운 해법은 과연 무엇인가? 몇 가지 대안을 국가 관련 비밀(기밀)의 생산·유통·소비(사용)의 각 단계별로 살펴보자.

우선, 현행 비문의 등급 분류는 생산자인 행정 부서 실무자나 국책연구원 연구자의 재량이 크게 작용하는바 자의적인 부분이 없지 않으므로 이를 보다 엄격히 관리할 필요가 있다.

예컨대, 현재 국방부가 분류한 2, 3급 군사기밀만 해도 60여 만 건에 달하는 방대한 양인데 과연 이들이 기준에 맞게 분류된 것인지 정밀 재검토하는 노력도 뒤따라야 할 것이다. 일각에서 주장하듯이 언론이나 기타 공개된 문헌 자료에도 나와 있는 내용의 문건을 시국과 상황의 변화에도 불구하고 비문으로 그대로 존치시키고 있는 경우도 없지 않을 것이기 때문이다.

다음으로, 행정관서에서 비문을 제공하는 경우에도 기밀에 대한 명확한 기준과 판단 근거에 입각해 미국 의회에서처럼 기밀정보 준수를 서약하는 문서에 서명케 하고 이를 공식 문서로 보존하는 것이다. 그렇게 함으로써 의원들로 하여금 보다 책임 있는 자세로 국가 기밀을 다룬다는 심리적 경각심을 환기시킬 수 있다고 본다.

끝으로, 제일 핵심적인 이슈는 준법정신의 문제이다. 현행법을 엄격히 준수하기만 해도 국회에서의 폭로성 국가 기밀 유출은 오래지 않아 사라질 것이다. 즉 형법, 군사기밀보호법, 국회법 등 현행 법령 체계 안에서도 포괄적으로 사법적·행정적인 제재 규정이 엄존해 있기 때문이다. '국회에서의 증언감정 등에 관한 법률'(제4조 1항)에서도 경우에 따라 공무상 비밀에 관한 증언이나 서류의 제출을 거부할 수 있게 되어 있다.

　요컨대, 우리가 법과 제도의 측면보다는 그를 준수하고 집행하는 데에 항상 미흡하다는 지적을 받아 오는데 여기에서도 예외는 아니라는 느낌을 지울 수 없다. 우리는 종종 정치적으로 풀어야 할 문제를 사법적으로 재단하려고 하여 혼란을 유발하고, 역으로 위의 사례처럼 사법적으로 풀어야 사안을 정치·행정적으로 접근함으로써 또 다른 논란을 유발시키는 우를 언제까지 되풀이해야 하는지를 이번 논란을 당하여 다시 한 번 자문하게 된다.

〈문화일보, 2005. 1. 13.〉

盧대통령 연정론이 간과한 것

가뜩이나 더웠던 올 여름 정국을 달궈 온 우리 사회 최대의 이슈는 아무래도 노무현 대통령의 연정론 제안과 8월 말로 예정된 정부의 부동산대책 발표와 관련된 것이라고 할 수 있다. 아직 공식 발표되지 않은 부동산대책은 차치하고 연정론에 대한 소회를 밝혀 본다.

지난 7월 말 '한나라당 주도의 대연정' 제안을 시발로 연정론에 불을 지핀 노무현 대통령은 참여정부 출범 2년 6개월을 맞아 가진 25일의 KBS TV 대담 프로에서 "정권을 통째로 내놓는 것도 검토 대상"이라며 다시 한 번 강한 미련을 나타냈다.

민주주의는 입법·사법·행정의 3권 분립을 통해 상호 견제와 균형을 이루어 권력의 남용을 방지함으로써 피치자인 국민의 기본권이 최대한 보장되게 하는 원리라는 것은 상식이다.

오늘날 지구상에서 대통령제 정부를 채택하는 나라는 미국을 비롯해 동유럽과 중·남미 등에 다수 있다고 하나 제대로 운영하는 나라는 미국 하나라고 해도 과언이 아니다. 미국의 대통령제를 많이 답습한 한국의 헌정제도는 미국의 경험에서 학습할 내용이 적지 않다.

미국은 1960년대 민권법 소용돌이를 거치면서 국민들의 정치의식이 높아져 1970년대 이후에는 정부 내의 3권분립에만 만족하지 않고 선거직인 대통령과 의회를 같은 정당이 장악하지 못하게 함으로써 상호 견제케 하는 등 '거여 세력'의 태동을 미연에 방지하는 투표 행태를 보여 왔다.

따라서 오늘날 미국의 대통령제 아래에서는 대통령과 의회 다수당의 정당이 서로 다른 이른바 '분할정부(divided government)'가 보편적 현상인 것이다.

만일, 한국에서 정부·여당이 거대 야당과 연정을 통해 의회 의석의 80~90% 이상을 점하는 막강한 권력으로 거듭난다면 이는 바로 민의를 왜곡시키는 지름길이다. 즉 미국과 마찬가지로 우리 국민들도 거대 권력에 휘둘리는 것을 바라지 않는다는 것이다.

요컨대, 정치나 행정의 효율성을 위해 민주주의의 근본인 민의를 저버릴 수 있겠나 하는 의구심이 먼저 들게 된다. 1990년대 초 우리 헌정사상 최초로 4당 분립체제가 됐을 때, 3당 합당의 결말이 어떠했는지를 우리 국민들은 잘 기억하고 있을 것이다.

'합의를 파기했느니 어쩌니' 하며 끝내는 얼마 안 가 파국을 맞지 않았던가. 순리를 거스르면 결과도 역시 순조롭지 못하다는 사실을 입증해 준 것이다. 우리나라도 사회가 다원화하면서 지역을 포함해 이익집단이나 압력단체의 요구가 분출되어 시간이 갈수록 인위적 양당 체제나 일당 우위 체제는 바람직하지도 않거니와 그렇게 될 필요도 없다.

다음으로 대통령의 통치권에 대한 문제이다. 헌법에 따라 선거에 의해 국민으로부터 5년간 통치를 위임받은 대통령이 위임권자인 국민의 동의 없이 과연 정권을 통째로 다른 정당이나 조직에 넘길 수 있는지도 의문이다. 대통령은 취임에 즈음하여 헌법 제69조에 따라 "국가보위 등 대통령으로서의 책무를 성실히 수행할 것을 국민 앞에 엄숙히 선서한다"고 되어 있는바 대통령의 국권 이양이나 포기의 발언은 국민을 필요 이상으로 불안하게 만드는 일이다.

대통령에 대한 지지도도 재임 중 등락을 거듭하게 마련이기 때문에 그런 현상에 좌지우지(左之右之)되는 것이 바람직하지 않음은 물론이다. 이제 집권 후반기로 접어든 만큼 대통령은 자신의 정책 구상에 대해 국민을 차분히 설득해 나가야 할 시점이다. 동시에 정책의 합헌성을 재점검하는 노력도 있어야 할 것이다.

결국, 김우식 전임 청와대 비서실장의 말대로 대통령은 미우나 고우나 우리 국민의 대통령이기 때문에 위기 시에 국민은 대통령의 편에 선다는 엄연한 사실을 잊지 말아야 한다.

〈문화일보, 2005. 8. 27.〉

갈등 권하는 사회

"만취해서 돌아온 남편에게 아내는 술 권하는 사람들을 탓하는데, 남편은 술을 권하는 것은 다름 아닌 조선사회라고 쓴웃음을 짓는다……."

빙허 현진건의 '술 권하는 사회'의 한 대목이다. 그로부터 70여 년이 지난 오늘, 암울했던 일제 치하에서 벗어난 지 오래인 한국 사회는 '갈등 권하는 사회'로 분별없이 치닫고 있다.

요즘 우리 사회는 마치 마주보고 달리는 열차와 같은 형국이다. 모든 것이 좌우로 귀결되고 흑백논리에 편 가르기, 이분법적 사고와 가치관이 일상생활에 미만해 있다. 심지어는 과학계의 '황우석 줄기세포' 논란까지도 진보와 보수 시각으로 재단하는 판국이다. 여기에다 빈부·세대·지역·도농 간의 격차 또한 심각한 수준으로 양극화 현상까지 가세하여 우리 사회가 사분오열돼 가는 느낌이다.

교수신문이 올해의 사자성어로 택한 '상화하택(上火下澤)'이나 지난해의 '당동벌이(黨同伐異)'가 모두 우리 사회의 혼란스러운 분열상을 잘 함축하고 있다. 그러나 현상을 묘사하는 것만으로는 충분치 않다. 그에 대한 원인을 규명하고 대안을 찾는 노력이 그 어느 때보다 중요하다.

인간이 망각의 동물이라고는 하지만, 불과 50여 년 전 한국동란을 전후한 시기에 좌우익에 의한 수십만 명의 양민학살이라는 극단적인 비극을 어찌 잊을 수 있을까. "과거를 되새기지 않는 사람은 그

것을 반복하도록 운명지워져 있다"는 철학자 조지 산타야나(George Santayana)의 말이 생각난다.

유교문화권의 한국은 자고로 한쪽으로 치우치지 않는 '중용(中庸)'을 최고의 덕목으로 삼아왔고 '지나치면 미치지 아니함만 못하다'는 과유불급(過猶不及)이란 말도 이런 데에서 연유한다고 본다. 한데, 근자에 우리의 정치문화가 이같이 뒤바뀐 원인은 무엇인가. 해법을 찾기 위해서는 먼저 원인을 찾아내는 노력이 필요하다.

몇 가지를 꼽아 볼 수 있겠다. 즉 과거 군사정권 시절 파생된 군사문화의 일면(대상을 피아나 아군·적군으로 나누는 것으로, 중간의 회색지대는 있을 수 없음)이거나 1990년대 초 냉전체제 와해 이후 국내적으로 반공 이데올로기를 대신하여 새로 등장한 이념정치(지향)의 산물로 보인다. 비중으로 본다면 갈등을 기본전제로 정권 쟁취를 위해 싸우는 여야 정치권의 책임이 훨씬 더 클 것이다.

그러나 정치권 못지않게 책임의 일단이 신문·방송 등 일부 언론에도 있다. 특히, 요즘 유행하는 방송의 시사토론 프로그램은 특정 현안에 대한 국민들의 찬반 편 가르기에 결정적으로 기여(?)하고 있어 자못 문제이다. 시사토론 프로의 본래 취지는 사회의 주요 현안에 대한 쟁점을 명료화하여 국민에게 그 주제에 대한 좀더 정확한 정보를 전달하자는 것이다. 하지만, 기실 결과적으로는 '중간적인 입장'을 가졌던 사람들마저 어느 한 쪽으로 기울게 만들고 기존의 찬반 입장을 견지하던 사람은 앞으로 타협을 불허하는 '확신범' 수준의 소신을 갖게 만든다. 즉 중간지대가 없어져 버리는 것이다.

필자의 개인적인 경험으로도 어느 방송 시사토론 프로 출연 시 담당 PD가 당해 현안에 대한 필자의 중간적인 입장을 무시하고 반대자의 입장에서 토론해 달라고 주문할 정도이니 결국은 토론자 상호

간에 한 치의 양보도 없이 평행선을 긋는 입씨름으로 일관하게 되므로 말 그대로 '갈등 권하는 사회'라는 게 실감난다.

자본주의의 모순 때문에 공산혁명이 일어나고 공산주의의 모순에 동유럽 공산권이 무너진 데서 알 수 있듯이 좌우의 중간이 바람직한 것이지 어느 한쪽으로 치우치는 것은 결코 바람직하지 않다는 엄연한 사실을 우리는 직시해야 한다. 이는 특정 사회 내부에서 빈부격차가 심해지기보다 중산층이 두꺼울 때 사회가 안정되는 이치와도 같은 맥락이다.

〈문화일보, 2005. 12. 27.〉

분양원가공개 5가지 이유

얼마 전 신문에서 서울 강남 50평 남짓한 아파트 시세가 15~17억 원인데 최근 3년간 1년에 3억씩 9억 원이 상승했기 때문에 그렇게 됐다는 보도를 접하고 놀라움을 금치 못했다. 설상가상으로 아파트 분양가가 평당 최고 4,000만 원까지 치솟았다는 뉴스도 어제 오늘의 이야기가 아니다.

천정부지로 오르는 아파트 가격을 규제하기 위한 조치로 보유세의 공평 과세 문제가 한동안 지면을 장식하더니 최근엔 또 다른 규제수단의 하나인 아파트 분양 원가 공개 문제로 정치권이 소용돌이에 말려 든 느낌이다.

분양 원가 공개가 시장경제 원리에 어긋나는 것인지 여부는 다음과 같은 몇 가지 잣대를 가지고 검증해 보면 쉽게 결론이 날 수 있는데, 그에 대한 반론 주장들이 필자의 눈에는 불가사의로 비칠 뿐이다.

첫째, 아파트의 공공재 여부 논란이다. 인간 생활의 3대 요소가 의식주라는 것은 삼척동자라도 아는 상식이다. 여기서 입는 옷을 뺀 나머지 두 요소, 즉 먹는 것과 사는 곳은 전형적인 공공재 성격을 띤다. 추곡 수매가를 설정한다든지, 식품의 안전이나 매점매석을 각별히 단속하는 것은 공공재의 성격상 시장원리에만 맡겨 두기 어렵기 때문이다.

아파트 역시 공공재이기 때문에 1순위, 2순위 등 순위분양제를 두

246

고 있다. 공사가 시작되기도 전에 입주자를 모집하는 것은 시장원리를 따르지 않고 있다는 증거다. 공산품에 흔히 쓰는 판매라는 말 대신 분양이라는 용어를 쓰는 것도 달리 취급되어야 함을 의미한다.

둘째, 우리 국민경제 수준에서 아파트 가격이 적정한지 여부이다. 도시 지역 근로자 월 평균 소득이 300만 원이 채 안 되는 현실에서 전용면적 40평 남짓한 문제의 17억 원짜리 아파트에 거주하려면 50년 동안 한 푼도 쓰지 않고 모아야 가능하다.

기막힌 이야기이다. 세계은행(IBRD) 발표에 의하면 한국의 경제 규모는 세계 11위, 1인당 국민소득으로는 세계 49위이다. 그런데 2001년을 기준으로 서울의 주택 가격은 도쿄와 뉴욕을 누르고 세계에서 제일 높은 것으로 조사됐다.

경제에 문외한이라도 1인당 국민소득이 세계 49위라면 집값도 그 순위에 걸맞게 낮아야 하는 것 아닌가 하는 의문이 생긴다. 백보를 양보해서 국가 경제력 11위로 볼 때도 집값은 더욱 낮아져야 한다.

셋째, 아파트 분양가의 폭리성 여부이다. 이 부분에 대해서는 이미 2월 서울시도시개발공사가 상암지구 40평형 아파트 한 채당 물경 1억 8,960만 원의 폭리를 취했다고 발표한 바 있다.

즉 공공 아파트의 분양수익률이 40%에 이른 것이다. 20여 년간 중견 아파트 건설업체를 경영하다 17대 국회의원이 된 모 야당 의원이 그동안 폭리를 취해 왔음을 시인하면서 공공부문뿐만 아니라 민간부문 아파트도 원가공개를 해야 한다고 주장할 정도이다.

건설업자들의 담합행위도 문제이다. 최근 공정거래위원회는 용인 동백지구 아파트 건설업체들에게 분양가 담합 혐의로 253억 원의 과징금을 부과했다. 이런 실정인데도 정부가 '시장원리'를 내세워 분양원가 공개를 미루는 것은 납득하기 어렵다.

끝으로, 아파트 분양 원가를 공개하면 건설 경기가 위축되어 아파트의 수급 불균형이 일어나 역효과를 가져온다는 주장이다. 이것도 반대를 위한 명분으로밖에 생각되지 않는다. 분양가를 철저히 규제(분양가 상한제)하였던 과거 노태우 정부 시절 주택 200만 호 건설 계획에 건설사들이 남는 것도 별로 없다면서도 적극 참여, 한때 자재 품귀 현상까지 일어난 것은 무엇을 말하는가.

기업은 단순히 이익이 적다는 이유만으로 그 사업을 포기하지는 않는다는 것이다. 원가연동제라는 애매한 대안보다는 차제에 집값을 확실히 다잡을 수 있는 분양 원가 공개를 당국에 촉구한다.

〈한국일보, 2004. 6. 23.〉

국민연금의 사각지대

'실세'장관으로 불리는 김근태 보건복지부 장관이 지난 주 기자회견에서 작년 말 이래 여야 간 논란으로 지연된 국민연금 개편안을 강행할 방침을 밝혔다. 그동안 여당 내에서도 '적정 부담요율에 적정 급여'라는 문제를 놓고 이견이 있어 당정 간 조율이 있어야 할 것으로 보이나 여하튼 종전보다는 빠른 행보를 보일 것으로 전망된다.

국민연금 개편안의 핵심은 연금재정의 장기적 건전성 확보에 있으나 이에 못지않게 중요한 문제가 현행 연금제도의 결함으로 매년 10여 만 명의 근로자가 본인의 의사와 상관없이 '연금 사각지대'에 놓여 있다는 점이다.

즉 노동시장의 유연성에 따른 이직 등으로 특수직 연금(공무원, 군인, 사립학교 교직원)과 국민연금 가입자 간의 상호 이동(전입) 사례가 늘어나고 있으나 이들이 각기 20년, 10년이라는 최소 가입 기간을 못 채워 어느 쪽에서도 연금을 받지 못하는 일이 발생하게 된다.

그뿐 아니라 현재 상당 부분 국민의 세금으로 운영되는 공적연금의 설립 취지에도 어긋나게 '부익부 빈익빈' 현상까지 일어나고 있다.

공무원 생활 19년을 마감하고 작년 말 퇴직한 A(50) 씨는 연금 수령 기한인 20년을 채우지 못해 퇴직 일시금을 받아 장사를 시작했는데 현재 월 소득 156만 원에 대한 국민연금 보험료 11만 원을 내고 있다.

A 씨는 '불경기에 사업체를 잘 유지해서' 국민연금으로 10년을 납부해야만 60세 이후 월 23만 원 정도의 연금을 받을 수 있다. 반면에 공무원 생활 20년을 한 뒤 퇴직한 B(65) 씨는 이후 국민연금에 가입, 10년간 보험료를 납부함으로써 공무원 연금에다 국민연금 혜택까지 받는 이중 수혜자로 안락한 노후생활을 보낸다.(한국일보 2003년 7월 10일자 보도)

불합리의 극치는 C(47) 씨의 경우이다. 중소 기업체 직원으로 근무하다 사립학교 직원으로 전직한 C 씨는 국민연금을 9년째 납부하다가 이른바 '특수직 연금' 직종으로 이동한 경우인데 새 직장에서 근무할 수 있는 기간이 20년이 안 되기 때문에 어느 쪽 연금에도 해당이 안 된다.

더욱 안타까운 것은 특수직 연금과 국민연금이 상호 배타적이어서 C 씨가 국민연금에 남아 있는 것도 허용되지 않고 연금 혜택도 받지 못하는 새 직장(사립학교)에서 매월 '연금'보험료를 내야 하는 아이러니가 발생하고 있다는 것이다.

한마디로 이것은 연금(年金) 제도가 아니라 금연(禁年) 제도이다. 이럴 경우 적어도 가입자에게 국민연금 선택권을 부여하는 것이 사리에 맞다.

1986년 제정된 국민연금법 제1조는 국민의 노령, 폐질 또는 사망에 대비한다는 입법 취지를 밝히고 있다. 이에 따라 국내에 거주하는 18세 이상 60세 미만의 모든 국민이 국민연금 가입 대상으로 되어 있으며 가입자에게 이중의 공적연금 혜택을 방지하기 위해 특수직 연금과 국민연금제도를 상호 배타적으로 운용하고 있다.

그러나 상술한 바대로 버젓이 이중 혜택을 받는 사람이 있는가 하

면 반강제로 어느 연금 혜택도 받지 못하게 하는 현행 연금제도의
모순은 반드시 시정되어야 할 것이다.

　미국의 저명한 정치학자 데이비드 이스턴은 "정치란 사회적 희소
가치의 권위적 배분과정"이라고 정의했다. 정부는 가급적 불합리와
부조리를 배제하고 사회적 정의가 실현되도록 하는 일차적인 책무가
있다는 말로 해석할 수 있다. 요컨대, 현대 자본주의 체제하의 민주
주의란 결국 정부가 국민의 세금을 여하히 효율적으로 거두어 합리
적으로 배분(사용)하느냐 하는 국민소득 재분배 과정이기도 하다.

　국민의 세금으로 운영되는 정부의 관계 부처 공무원이 불합리한
국민연금제도로 인하여 헌법상 국민의 행복추구권(제10조)과 직업선
택의 자유(제15조)가 제약받는 현실을 수수방관한다면 직무유기라
해도 과언이 아닐 것이다.

〈한국일보, 2004. 8. 25.〉

고속철을 고속철답게

철도청이 최근 고속철도(KTX) 이용률 부진을 만회하기 위해 현재의 운임을 새마을호 수준으로 대폭 인하하는 방안을 추진 중인 것으로 알려졌다.(한국일보 8월 31일자 보도)

고품질의 서비스와 그에 상응하는 가격정책을 통해 국내 최정상의 '꿈의 열차'를 표방하던 KTX가 상업운행을 시작한 지 불과 몇 개월 만에 박리다매식 경영방침을 택한 것이다.

이렇게 될 경우, 기존의 새마을, 무궁화호 등의 열차 운임이나 운행에 어떠한 영향을 미칠 것인가 하는 문제는 차치하고 필자는 이용객의 입장에서 KTX가 왜 인기가 없는지를 필자의 '시승기'를 통해 지적하고 싶다.

프랑스 고속철(TGV) 파리 – 리옹 구간과 일본 신칸센 도쿄 – 오사카 구간을 탑승해 본 경험에 비추어 비교적 관점에서 KTX의 서비스 개선에 일조해 보자는 뜻에서 시승 소감을 몇 자 적는다.

지난 4월 말 이용한 서울 – 익산 간 KTX 일반실은 우선 실내가 협소하다는 인상과 함께 복도가 상당히 좁다는 느낌이 들었다.

휠체어에 탄 채로 기차 여행을 할 수 있다는 철도청 홍보와는 달리 장애인들의 이용에 불편이 따를 것으로 예상되므로 열차용 특수 제작 휠체어를 비치해야 하지 않을까 하는 생각이 든다.

여행 중 제일 불편했던 것은 역시 객실 좌석이었다. 고속철 일반실 좌석은 우리가 흔히 아는 '의자가 뒤로 젖혀지는' 공간 확장식 개념이 아닌, 앉은 자리에서 자세를 바꿔주는 '자세교정형'의자였던 것이다.

좀 과장되게 말하면, 무슨 의료용 기구를 승객 한 사람씩 배정받은 게 아닌가 하는 착각을 일으키게 한다. 게다가 너무 촘촘히 좌석을 배치해 쾌적함과는 거리가 멀다.

좌석 간 거리(간격)는 확실히 테제베나 신칸센보다 좁았다. 좌석의 안락함은 신칸센이 제일 좋고 다음이 테제베이며 KTX 좌석은 분명 새마을호보다도 못했다.

무궁화호는 타본 경험이 별로 없어 모르지만 다수의 KTX탑승객들이 무궁화호 좌석이 훨씬 더 편하고 안락하다고 하니 문제가 아닐 수 없다.

한국이 세계 11위의 경제대국이고 또 세계에서 다섯 번째의 고속철 도입 국가라는 위업을 달성한 것도 결국 우리 국민 모두의 피와 땀의 결실일진대 왜 우리가 그런 정도의 서비스밖에 받지 못해야 하는가 자문하게 된다.

고속철의 불편한 좌석 문제는 어떠한 이유와 명분으로라도 받아들이기 어려운 만큼 비용이 들더라도 하루 속히 정상적인 좌석으로 바꿔야 할 것이다.

다음으로 열차 객실 내 좌석 배열방식에 관한 것이다. 차량의 중간을 기준으로 가운데 좁은 탁자 같은 것을 하나 놓아두고 획일적으로 좌석을 마주보게 함으로써 절반의 승객은 열차가 달리는 반대 방향으로 앉아 가게 만든 것도 문제이다.

역방향 좌석에 앉은 승객들의 구토나 어지럼증 등의 불편 호소를 개인의 특이 체질로만 치부해서는 곤란하지 않은가. 열차 제작사인 프랑스 알스톰사와의 계약에 따라 단기간 내에 좌석 개조가 어렵다고 하나 철도 당국은 특단의 대책을 세워야 마땅하다.

열차 일반실 내의 TV는 이어폰도 갖추어져 있지 않아 마치 변사 없는 무성영화를 보는 것 같았다. 자막이 제공되는 서울 시내 지하철의 LCD TV수준으로 바꾸거나 당장 이어폰 공급이 어렵다면 화면에 자막으로 처리한 녹화물이라도 내보내는 것이 도리이다.

또한 좌석 위에 위치한 선반의 알루미늄 도금이 거울 같이 밝아서 앞뒤 승객의 거동이 비쳐지는 등 프라이버시 문제도 제기될 수 있는 바 개선책이 나와야 하며 식당칸 부재로 인한 불편은 간이매점 등의 설치로 어느 정도 대체할 수 없나 생각해 본다.

요컨대, 철도 여행 시 시간이 단축됐으니 다른 모든 불편은 감수하라거나 양질의 서비스 대신 가격할인으로 대리 만족하라는 시대는 이미 지났다고 본다.

〈한국일보, 2004. 9. 15.〉

세계화로 피폐해진 한국

1994년 김영삼 정부가 이른바 '시드니 구상'이라는 세계화 추진 전략을 발표한 지 올해로 만 10년이 된다. 이제 세계화 10년의 현주소를 되돌아보며 느끼는 감회는 한마디로 '주인이 안방 내주고 툇마루에 걸터앉은 형국'이라는 표현이 적절할 것 같다.

일전 '인터내셔널 헤럴드 트리뷴'(IHT)지가 '한국의 주인은 누구인가?'라는 경제 분석기사에서 한국의 자존심이라고 할 삼성과 포스코 등 우량기업의 외국인 주식 소유비율이 50%를 넘고 일부 기업은 70%를 상회하며 3,600억 달러에 달하는 주식시장 시가 총액의 44%가 외국자본이라고 밝히면서 암묵적으로 '주식회사 한국'의 떨이세일을 비판한 것도 같은 맥락의 이야기이다.

구미 선진국의 외국계 주식지분이 15~18% 내외인 것을 감안하면 이는 비정상적인 수치임이 분명하다. 은행권의 외국인 지분율도 37%이고 이들이 보유한 총자산은 전체 시중은행의 26.7%에 달해 미국(5%)이나 일본(6%)을 훨씬 앞지르고 있다. 문제는 이러한 외국계 자본이나 주식지분의 점유율에 있는 게 아니라 그 결과 막대한 우리의 국부가 유출된다는 데 있다.

대부분 사모펀드 형식의 단기성 투기자본을 운용하는 이들 외국계 회사는 단기간에 유상감자라는 편법을 통해 투자자본을 회수해 가고 있다. 이 밖에 한국의 주가지수가 상승하면서 우리 주식을 끌어 모은 외국인들의 누적 평가차익만도 98년부터 6년간 무려 89조 원에 이르는 것으로 나타나고 있다.

외국자본의 궁극적인 목적은 우리 기업의 경쟁력 강화가 아니라 주주 이익 극대화 차원에서 고율의 배당요구로 이어지고 있다. 즉 한국의 우량기업들이 낸 이익의 상당 부분이 외국인들 손으로 넘어가고 있는 것이다. 결국 투자재원 고갈로 우리 기업의 성장 잠재력을 해치고 건실한 고용유지에도 심각한 위협을 초래하게 된다.

외국자본은 대기업 주식에만 투자되는 것이 아니다. 서민의 구멍가게들은 일본계 유통망(체인편의점)의 공격적 경영으로 타격을 받고 있고 심지어는 사채시장에서까지 일본 자본이 전체 시장의 절반을 점하고 있는 실정이다. 대기업은 구미 선진국이 공략하고 서민층, 소비자 금융시장은 일본계가 평정해 가는 형국이다.

더욱 기막힌 사실은 우리의 중산층이 국내 소비는 외면한 채 해외에서만 아낌없이 돈을 쓴다는 것이다. 금년 상반기 중 해외여행 또는 유학·연수로 쓴 돈이 54억 달러로 이 부문에서만 25억 달러의 적자가 발생했다.

국제화·세계화의 미명하에 국내에는 현재 전체 외국인의 반을 넘는 16만 명의 불법 외국인 체류자가 있으며 외국인 범죄도 가파른 증가세를 보이고 있다. 특히 마약, 강간, 폭력, 살인 등 강력범죄는 2000년 이래 매년 30%의 증가세를 보여 국내 전체 범죄증가율을 크게 웃돌고 있다. 얼마 전 TV뉴스에서 광주에서 보석상 주인이 보석을 사겠다는 아프리카계 사람들에게 7,000만 원 상당의 보석을 사기 당했다는 보도를 접하고 한국이 말 그대로 국제사회의 봉이 아닌가 하는 생각이 들기도 하였다.

'영어 열풍'으로 인한 부작용도 적지 않다. 미국, 캐나다는 물론이고 호주, 뉴질랜드에서까지 "한국에 가면 돈 번다더라"는 소문에 가정주부나 고졸 무자격자도 허위 졸업증명서 등을 가지고 와서 국내 학원이나 학교에 취업하는 경우가 허다하다.

호사다마라고 좋은 일에는 궂은 일이 따르게 마련이라고 하지만 문제는 궂은일도 궂은일 나름이라는 데 있다. 세계화 10년에 천문학적 국부가 유출되고 비정상이 정상으로 되는 상황은 우리 모두의 지혜를 모아 막아야 할 것이다. 특히, 주무 당국의 관계 공무원들은 왜곡된 세계화를 바로잡을 수 있는 적절한 대책을 강구해야 마땅하다. 장기적으로는 우리의 생존이 달려 있는 중차대한 문제이기 때문이다.

〈한국일보, 2004. 8. 4.〉

富의 정통성 원한다면……

지난 주 언론에 보도된 뉴스 가운데 유난히 세인의 눈길을 끈 두 기사가 있다. 하나는 경기불황에도 불구하고 1,000만 원짜리 백화점 상품권이 불티나게 팔렸다는 기사이고 다른 하나는 50대 가장이 병원비가 겁나 집에서 낙상한 상처를 바느질실로 직접 꿰맸다는 것이다. 이 가장은 상처가 덧나 부득이 극빈자 진료소를 찾게 됐다는 이야기이다.

세계 경제대국 10위권에 진입하고 선진국 클럽이라고 하는 경제협력개발기구(OECD)에 가입한 지도 10여 년이 돼 가는 한국에서 이런 일이 벌어진다는 것에 대해 동시대를 살아가는 한 사람으로서 자괴감을 느끼지 않을 수 없다.

우리 사회의 빈부격차를 극명하게 드러낸 위의 사례는 결국 국민소득 재분배를 통한 사회보장 내지 사회복지가 정부의 재원 부족 등으로 턱없이 부족하기 때문에 생기는 현상이다.

1987년 6월 항쟁의 결과 얻은 6·29 선언 이래 그동안 권력의 정통성은 정치 민주화를 통해 얻었으나 17년이 지난 지금까지 부(富)의 정통성 문제만큼은 미해결로 남아 있는 게 현실이다. 즉 경제민주화의 요체인 '조세정의'가 실현될 때 부의 정당성도 인정되고 사회보장을 위한 재원도 마련될 수 있기 때문이다.

조세정의란 단순한 논리이다. 많이 버는 사람, 많이 가진 자가 세금을 많이 내고 적게 버는 사람, 적게 가진 자가 적게 내는 것을 이른다. 그렇게 함으로써 빈자들의 인간적인 삶을 나라가 보장하여 국가공동체가 가진 자와 그렇지 못한 자 사이의 극심한 대립으로 붕괴되는 것을 막는 완충제 또는 보험료 같은 역할을 하는 것이다.

문제는 우리 현실이 그렇지 못하다는 데 있다. 예컨대, 2002년 건교부가 조사한 바에 따르면 서울 강북에 사는 사람이 강남에 사는 사람보다 재산세를 평균 5.5배 많이 냈다. 평수가 같다는 이유만으로 10억짜리 아파트에 사는 사람과 2억짜리 아파트에 사는 사람이 같은 세금을 낸다는 것은 어불성설이다.

사정이 이렇다 보니 헌정사상 가장 좌파·진보적 정부라는 김대중 대통령과 현 노무현정부에 이르러서도 소득 분포의 불평등도를 나타내는 지니계수는 매년 악화돼 가기만 하고 있다.

정부가 뒤늦게나마 종합부동산세 도입을 서두르고 빈곤층을 위한 사회안전망 대책으로 근로소득보전세제(EITC·일명 마이너스 소득 공제)를 채택하기로 한 것은 매우 고무적인 일이다. 그러나 운영의 묘를 살리지 못할 경우 본래의 취지를 달성하기 어렵다는 것을 강조하고 싶다.

종합부동산세(안)의 경우, '종합'이라는 말에 걸맞지 않게 가구별 합산 대신 개인별로 과세한다든지 주택과 나대지, 사업용 토지를 합산과세하지 않고 따로따로 과세토록 함으로써 진짜 부자가 빠져나갈 구멍은 모두 마련된 상태이다.

일례로 9억짜리 아파트 한 채뿐인 사람은 과세대상이고 8억 집에 5억 나대지, 39억 사업용 땅 등 도합 52억 원의 막대한 부동산을 가진 사람은 과세 대상이 아니라는 것은 명백히 잘못된 것이다. 개인별 과세이다 보니 이론상 부부의 경우 최대 104억 원의 재산을 가지

고도 종부세를 한 푼도 안 낼 수 있다는 것은 '조세정의' 구현에 정면으로 배치되는 것이다.

주택만 가지고 있는 경우라 할지라도 부부가 공동명의로 소유할 경우 기준시가 18억 원이 넘지 않는 집은 아예 종부세 대상이 안 되는 것도 큰 문제이다. 실제로 시가 25억 내외의 집은 그리 많지 않다. 이런 식으로 새 세제의 허점을 이용해 빠져나간다면 종부세 도입 취지가 무색해지는 것은 아닌지 심히 우려된다.

형평과세는 경제민주화, 즉 부의 정통성을 세우는 지름길이며 우리의 취약한 사회보장 재원을 마련하기 위해서도 최우선 순위를 두어 추진해야 할 역점 과제가 아닐 수 없다.

〈한국일보, 2004. 11. 17.〉

'연예인 X파일' 네 가지 그늘

호사다마라고 했던가. 좋은 일에는 궂은 일이 따르게 마련이라는 말대로 21세기 세계 최대의 인터넷 강국 한국에 자연재해가 아닌 인재 '쓰나미'가 연예계를 덮쳐 나라 안팎이 시끄럽다. 한류 열풍의 주인공인 정상급 배우를 포함한 연예인 125명의 사생활을 수록한 이른바 '연예인 X파일'이 인터넷 사용인구 3,000만 명 시대의 사이버 공간에 떠다니고 있는 것이다.

명단에 오른 연예인들은 집단으로 혹은 개별적으로 광고기획사 관계자들을 명예 훼손 혐의로 고소하는 등 법적 대응조치를 할 것으로 보이지만 일단 유출된 개인의 사생활 정보로 실추된 그들의 명예회복은 사후약방문격이 될 것이다.

이번 사건은 오늘날 우리 사회의 어두운 단면을 다음과 같은 몇 가지 점에서 집약적으로 함축해 보여 준다는 점에서 더욱 개탄스럽다.

첫째, 천박한 배금주의 사조가 우리 사회에 미만해 있다는 것을 꼽을 수 있다. 사건의 발단으로 볼 때 국내 유수의 광고기획사가 광고 모델 등 '상품'에 대해 가치 판단의 기준으로 삼기 위해 그러한 파일을 만들었다는 점이다. 막대한 제작비를 들여 만든 광고가 출연 모델의 부정적인 이미지로 타격을 입을 것에 대비한다는 취지였다고 하나 검증되지 않은 뜬소문 수준의 이야기를 적시한 것은 문제의 소지가 없지 않다.

둘째, 기업 윤리 측면의 배금주의와 더불어 '언론 윤리'의 실종도 배금주의의 한 단면을 보여주고 있다. 즉 광고기획사의 인터뷰에 응해 '카더라'식 소문을 전한 10여 명의 연예 담당 기자들도 결국은 상품권 등 금전적인 대가를 받은 것으로 알려져 '기자가 취재 과정에서 알게 된 정보를 다른 용도로 사용하지 못한다'는 언론 윤리 강령을 위배한 것이다. 즉 넓은 의미로 보면 연예인들이 황색 저널리즘의 피해자가 되었다고 할 수 있다.

셋째, 네티즌들의 통신 윤리 불감증이다. 사이버 공간의 익명성 때문이기는 하지만 현재 인터넷상에서는 개인의 사생활 영역에 관한 정보가 수없이 많이 유출돼 있는 것도 문제이다. 주민등록번호를 포함한 수만 개의 개인 정보가 불법 유출됐다는 것은 어제 오늘 이야기가 아니다. 개인이 이메일이나 P2P, 웹하드를 통해 순식간에 정보를 전파할 수 있기 때문에 그 파장은 가히 메가톤급일 수밖에 없다.

끝으로, 다수 연예인 자신들의 사생활이나 처신도 과연 공인으로서 기대되는 합당한 모범을 보였느냐 하는 것도 문제이다. 디지털 전파매체 시대에 연예인은 대중의 우상으로 그들의 일거수일투족이 미치는 영향은 실로 막대하다. 특히 자라나는 젊은 청소년 세대에서는 더 말할 나위가 없다.

2004년은 일본의 '욘사마(배용준) 신드롬'을 비롯한 동남아에서의 한류 열풍으로 '문화 수출'의 위력을 실감한 해였다. 예컨대 배용준의 경제 효과가 3조 원이 넘는다는 한 · 일 양국의 연구기관 조사 결과도 있었다. 이제 새해를 맞이하여 한류 열풍을 본격적으로 재정비, 도약의 기획을 준비해야 할 때 자승자박의 우를 범하는 것은 아닌지 걱정스럽다.

한류 열풍도 세계화의 한 결실이라고 본다면 '축성(築城)보다는 수성(守城)이 더 어렵다'는 옛말이 실감난다. 우리는 이미 세계화의 비싼 대가를 지불하고 있기 때문에 그렇다. 일례로 국내 주식 시장의 외국인 주주가 연간 국내에서 벌어들이는 돈이 물경 5조 원이나 된다는 조사보고도 있다. 한류 열풍으로 그나마 반전의 기회를 마련할 즈음에 악재가 터진 것이다.

　아무튼, 이번 사건을 계기로 우리 사회에서 천민자본주의 한 모습인 배금주의를 불식하고 경제협력개발기구(OECD)의 권고에 따라 현재 국회에 계류 중인 개인정보보호기본법이 하루 속히 제정돼 명실상부한 선진 시민사회로 거듭나기 바라는 마음 간절하다.

〈한국일보, 2005. 1. 26.〉

의식수준도 노벨賞에 맞게

김대중(金大中) 대통령의 역사적인 노벨평화상 수상은 이곳 스웨덴의 '평화'관련 연구소에 근무하는 필자에게 적지 않은 소회를 갖게 한다.

인류사회의 가장 영예스런 상으로 알려진 노벨상 중 다른 분야의 상도 마찬가지이겠지만 특히 평화상은 나보다 남을 위해 그야말로 살신성인의 자세로 봉사한 사람들에게 많이 주어졌다. 인도의 테레사 수녀와 남아프리카공화국의 넬슨 만델라를 대표적으로 꼽을 수 있다. 김 대통령의 노벨평화상 수상 배경은 '북한과의 화해협력, 한국과 동아시아의 민주주의와 인권신장을 위해 노력한 업적을 기리기 위한 것'(노벨평화상 발표문)으로 돼 있다.

이는 다시 말해 김 대통령을 비롯한 많은 노벨평화상 수상자들이 '나를 버리고' 남을 위해 헌신 봉사하는 삶을 살았다는 것을 의미하는 것으로 이기주의(利己主義)와는 정반대의 개념이다.

그러나 한국의 현실을 보자. 대통령이 노벨평화상을 받는 나라의 국내 현실은 그와는 너무도 거리가 먼 방향으로 나아가고 있음에 아연실색하지 않을 수 없다. 사회 각계각층에서는 '극단적 이기주의'가 횡행하고 있다. 또 일부 노조의 움직임에서 볼 수 있듯이 '집단적 이기주의'가 팽배해 당면한 기업구조조정의 발목을 잡고 있다. 의료계의 파업은 대표적 사례이다.

한국 사회에서 의사들은 평균 수입으로 보더라도 전체 근로자의 1% 이내에 드는 최고 소득계층이고 대부분이 대학원의 교육수준을 마친 최고 엘리트그룹이라는 것을 부인할 수 없다. 이러한 의사들이 국민의 생명을 담보로 파업을 한 것은 어떠한 이유와 명분으로도 용납할 수 없는 일이다.

대학에 근무하는 필자의 한 친구는 의사들의 파업기간 중 갑자기 눈병이 발병해서 급히 수술을 받아야 할 상황이었는데 종합병원의 파업으로 이 병원 저 병원 전전하다가 실명의 위기에까지 가서야 겨우 집안의 아는 의사 도움으로 수술을 받았다고 한다.

그는 지금도 제때 수술을 못 받은 후유증으로 고생하고 있는데 최근 필자에게 "한국은 사람 살 곳이 못 된다"면서 외국으로의 이민을 생각하고 있다고 속마음을 털어놓았다. 의사파업의 결과가 한 개인의 삶의 방향까지 바꾸어 놓게 한 것이다.

또 다른 얘기이지만 얼마 전 이곳에서 인터넷을 통해 본 뉴스 중에는 우리나라 남해안 어느 도시 앞바다에 마구잡이로 갖다 버린 생활용품 쓰레기를 건져 올리는 광경을 잊지 못한다. 각종 생활용기, 폐타이어는 물론이고 심지어는 냉장고 세탁기까지 연안 앞바다에 버리는 국민은 아마 이 세상에 다시없을 듯싶다.

수도 서울 1000만 명과 수도권 주민 900만 명의 중요한 상수도 공급선인 팔당수원지가 부근에 들어선 수많은 요식업소로 인해 날로 오염돼가고 행락객이 버린 생활쓰레기로 몸살을 앓고 있는 것도 '나만 잘살면 된다'는 이기주의의 전형이 아니고 무엇인가.

한국은 지금 제2의 국제통화기금(IMF) 위기를 거론하며 기업, 금융권의 구조조정 등 사회·경제적으로 어려운 국면에 처해 있다.

그럼에도 불구하고 일부에서 보여주고 있는 집단이기주의적 행태는 구조조정의 마무리를 더욱 어렵게 하고 있다. 요컨대 나와 남이 공생할 수 있는 타협과 양보의 미덕이 그 어느 때보다 중요한 시점이다. 외국에서 살다 보면 누구나 애국자가 된다는 말이 있다. 또 고국이 잘되기를 바라는 마음에서 국내에 있을 때보다는 더 질책성 비판이 가해지기도 한다.

한강의 기적을 이룩한 우리가, 현직 대통령이 노벨평화상의 영예를 수상한 그 나라의 국민이 제발 노벨 '이기상(利己賞)'의 불명예만큼은 양보해야 되지 않겠는가.

이제 21세기 한국의 장래는 각자가 이기주의를 버리고 이타주의(利他主義)로 향할 때 대망의 결실을 맺게 될 것이다. 최근 중동의 혼미한 분쟁사태를 보면서 한반도에서 '대화해(大和解)'의 현명한 선택을 한 남북한 우리 민족이 더욱 자랑스럽게 여겨진다.

그런 저력 있는 우리가 대망의 새 천년을 맞아 '제2의 한강의 기적'을 낳아야 하지 않겠는가.

〈세계일보, 2000. 12. 18.〉

거꾸로 가는 서울시 교통정책

독일에서는 새 도시를 건설할 때 정해진 순서가 있다. 먼저 주민들의 일자리인 공장을 짓고, 다음으로 자녀들의 학교를 짓고, 끝으로 아파트를 짓는다. 재미있는 것은 한국에서는 이 순서가 정확히 거꾸로라는 것이다. 먼저 아파트를 짓고, 자녀들은 한동안 콩나물시루 같은 교실에서 2부제·3부제 수업을 하다가, 아니면 원거리 통학을 하다가 나중에야 학교를 지어서 전학 오게 되고 맨 마지막으로 주민들의 일자리인 공장 건설을 모색한다. 일자리가 없는 우리의 새 도시들은 결국 자족도시가 되지 못하고 거대한 베드타운을 형성하고 있다.

사정이 이러다 보니 서울 도심에서 아니면 강남에서 천정부지로 오르는 아파트 등 주택 구입을 포기하고 일산, 분당, 안산, 수원, 인천, 의정부 등 20여 개 위성도시에 살게 된 가난한 서민 수십만 명이 매일 전철로 1시간씩 걸리는 서울의 각 지역으로 통근하고 있다.

이번에 서울시가 7월부터 도입하기로 했다는 지하철 등 교통요금체계를 보면 한마디로 빈익빈 부익부 정책의 표본이다. 서울의 도심권이나 강남 등 부도심권 통근자에게는 요금할인 혜택을 주면서 이들 서울 외곽도시에서 전철로 출퇴근하는 소시민들에게는 기존의 800~900원에서 거의 두 배에 가까운 2000여 원으로 요금을 인상했다는 것은 도저히 수긍이 가지 않는 조처다. 우선 지하철이 서울시

경계 안에서만 돌아다니는 것이 아닐진대 경기도나 인천 등 이웃 광역 자치단체와 협의했는지도 의문이고 이런 불합리한 상황에 대한 대책은 강구해 놓았는지도 궁금하다.

새 도시나 위성도시에 사는 주민이라고 왜 강남의 압구정동이나 청담동에서 살고 싶지 않았겠나. 문제는 터무니없는 집값(필자가 보기에는 대개 거품 가격이지만) 때문인데 그나마 그동안 지하철 요금이 그래도 저렴한 편이어서 장시간 통근을 마다 않고 대중교통 수단을 이용했다. 이제 요금체계가 위와 같이 바뀐다면 소형차라도 가지고 있는 다수의 이들 통근자들은 시간과 비용을 감안할 때 직접 차를 몰고 출퇴근할 개연성이 높다. 그렇게 되면 서울지역의 극심한 교통난 해결을 위해 가설한 지하철의 효용이 반감할 것은 명약관화한 것 아닌가.

최근 국내의 각종 여론조사에서도 우리 사회가 당면한 경제현안 가운데 하나로 '빈부격차'문제가 대두되고 있는데, 서울시가 이들이 단순히 서울시민이 아니라는 이유만으로 이를 도외시할 수 있겠나. 17대 국회 총선이 끝난 지금 우리 모두 언필칭 '상생의 정치'를 들먹이지만 가난한 서민들의 원거리 통근에 교통비용까지 두 배로 가중시키는 것은 그야말로 상생이 아닌 '살생'(그들의 생활을 빼앗는)의 정치를 하자는 것에 다름이 아닐까.

정확한 통계조사는 없지만 사회통념으로 볼 때 일산에 사는 서민층이 분당이나 성남에, 또는 의정부에 사는 주민이 강남의 역삼동이나 논현동보다 인천이나 수원에 가까운 지인이나 친인척을 많이 두고 있을 확률이 높을 것 아닌가(실제 지하철노선도 그렇다). 이 이야기는 평소에도 그만큼 교통이 많다는 것인데 지하철 요금을 두 배로 올리는 바람에, 이들이 저마다 차를 몰고 이동한다고 생각해 보자.

동부간선도로와 서부간선도로에 또 다른 정체요인이 되지 않을까.

한국도 올해로 지하철 건설 30돌이 된다. 우리도 이제 지하철 등 대중교통 수단 이용을 활성화하는 방안으로 미국이나 유럽 선진국처럼 일정기간 정액제 무제한 이용권이나 각종 할인제 쿠폰 등 다양한 요금할인제를 도입하여 앞서 말한 불합리나 모순 또는 부작용을 극복해 나가야 할 것이다. 여기서 불합리나 모순은 서울시가 말하는 단순한 산술적, 기술적 불합리를 이야기하는 것이 아니다. 한국적 현실에서 서울의 외곽 위성도시들이 거대한 베드타운이 되어 있기 때문에 그렇다는 것이다. 이렇게 볼 때 서울시가 이른바 "단거리 구간 승객의 요금으로 장거리 승객이 그동안 상대적으로 혜택을 받아온 불합리를 이번에 시정하기 위한 것"이라는 주장은 설득력이 약하다.

〈한겨레, 2004. 5. 27.〉

한국은 세계의 '봉'인가

며칠 전 뉴스 가운데 '170'이라는 숫자가 유난히 눈길을 끈 두 가지 기사가 있었다. 하나는 한 외국 유명 주류업체가 한 병에 1백70만 원이나 하는 고급양주를 세계시장 중 처음으로 한국에 출시했다는 것이고, 다른 하나는 정부가 월소득 1백70만 원 이하의 저소득 근로자에게 저렴한 가격으로 여행할 수 있도록 여행경비의 일부를 지원하는 이른바 '여행바우처' 제도를 곧 실시한다는 내용이다.

이 170이라는 숫자는 우연이긴 하지만 우리 사회에서 심화돼 가고 있는 빈부격차의 일면을 상징적으로 드러낸 것이란 느낌을 지울 수 없어 묘한 여운을 남긴다.

위 주류업체의 외국인 한국사장은 문제의 고급양주 생산량 중 한국 판매 비중을 80%까지 늘려나갈 계획이라고 서슴없이 밝히고 있다. 한국의 경제력 규모가 세계 10위권이라고는 하나 1인당 국민소득이 세계 49위에 불과한 것을 감안하면 이는 분명 잘못된 것이다.

지난해 8월에는 한 유명 외제 차가 한국에서 처음 출시됐는가 하면 외제 화장품, 가전제품까지 한국시장을 테스트마케팅 기지로 삼는 일이 비일비재하게 일어나고 있다. 이들 외국회사의 화두는 '한국에서 잘 팔리면 세계에서도 잘 팔린다'는 것인데 이것이 듣기 좋은 소리로만 들리지 않는 것은 비단 필자만이 아닐 것이다.

'영어 열풍'으로 국내 인력시장에서는 '영어를 하는 외국인', 특히 백인들에 대한 선호도가 높다 보니 웃지 못할 희극(?)이 적잖이 벌어지고 있다. 호텔 벨 보이 출신의 미국인 고졸 학력자가 미국 유명 대학 석·박사 학위를 위조해 국내 대학에서 버젓이 교수행세를 하는 촌극을 벌인 것도 불과 몇 개월 전 이야기다. 국내 각종 어학원이나 학교에서 고용허가 없이 취업하고 있는 자격미달, 무자격의 외국인 강사만 2만여 명으로 추정되고 있다.

동남아 출신 외국인 이주노동자 문제도 장차 우리 사회의 시한폭탄이 될 수 있는 중차대한 문제다. 우선 외국인 불법체류자 수가 너무 많다. 인구가 우리의 3배에 육박하는 일본의 불법체류 노동자가 23만 명이라고 하는데 한국의 불법체류 노동자가 20만 명을 상회한다는 것은 인구비례로 보더라도 그렇다. 여기서 파생되는 문제로 최근 점증하는 외국인 범죄와 보험이나 복지후생 등의 혜택 제외로 인한 차별논란을 들 수 있다. 이주노동자와의 국제결혼이나 혼전 동거 등도 늘어나게 될 것이고 그들 자녀의 취학문제나 혼혈자녀 차별(왕따) 등 예기치 않던 사회문제가 발생할 가능성에 관계당국은 대비해야 할 것이다.

지구촌의 몇 안되는 단일민족 국가로 고유의 문화와 전통을 유지해온 나라가 한국이다. 이제 세계에서 가장 낮은 출산율로 머지않아 인구 구성비의 '국제화'가 이루어진다고 할 때, 우리 모두에게 다가올 문화적 충격은 그리 바람직한 현상은 아니라고 본다.

〈경향신문, 2005. 3. 19.〉

투기 근절 미흡한 8·31 대책

정부의 8·31 부동산 대책 발표를 접하고 느끼는 소감은 사람마다 다르겠으나 필자의 경우는 왠지 뭔가 부족하다는 느낌을 지울 수 없다. 세대별 종합과세 등 정부 나름의 혁신적인 조치에도 불구하고 이번 대책이 부동산 투기의 근본적인 치유책이 되기에는 미흡한 이유가 몇 가지 있다.

첫째, 양도세의 경우, 매매 차익의 50%를 과세한다고 하나 시장 원리는 이득이 있는 곳에 거래가 있기 마련이기 때문에 예컨대, 매매 차익이 1억 원일 때 종전에 양도세 3,000만 원 내던 사람이 5,000만 원 내게 됐다고 나머지 5,000만 원을 포기할 사람은 아무도 없을 것이다.

둘째, 보유세(재산세)를 강화한다는 것인데 3년 뒤 현행보다 10% 세율을 증액한다고 집을 내놓을 사람 또한 많지 않을 것이다. 아파트 값이 천정부지로 치솟는 강남 등지에서 주택회전율을 높이려면 선진국처럼 주택 가격의 1% 정도를 재산세로 부과해야 될 것이다.

즉 중고생 자녀를 둔 가장이 아이들이 학교를 졸업한 후에는 비싼 재산세 부담을 피해 타 지역으로 이사 나가고 새로이 적령기 아동을 둔 중산층 세대가 이사 오고 하여 수요와 공급이 지속적으로 일어나도록 유도하는 것이다.

현재와 같이 재산세가 그 가구 수입대비 '견딜 만한' 수준이라면 붙박이로 아이들이 중등학교를 졸업한 후에도 불편 없이 한 곳에 계속 거주하고 또 시간이 가면 갈수록 살고 있는 집값은 오르고 하니 특정 지역에서의 주택난은 가중될 수밖에 없다.

예컨대, 강남 40평대 아파트 시세에 걸맞게 연간 재산세를 1,000만 원 내외로 한다면 그 주택 보유자는 자녀가 학교를 졸업하는 즉시 이사를 나가려고 할 것이다.

셋째, 서울 일부 지역 주택가격의 이상폭등 현상이 공급 부족에서 오는 것으로 잘못 판단하여 부동산규제책 발표와 동시에 송파 등지에 미니 신도시 건설계획을 밝힘으로써 해당지역의 부동산 가격이 덩달아 뛰어 제2의 '판교사태'를 야기하는 것은 아닌가 하는 우려를 금치 못한다. 속된 표현으로 그야말로 '병 주고 약 주는 처방'이 아닐 수 없다.

"99개 가진 자가 1개 더 채워 100개를 갖고자 한다"는 말이 있다. 전국의 가구 수 대비 주택 보급률이 2002년 말 이미 100%를 초과했음에도 불구하고 도시 지역 주민 40% 이상이 무주택자라는 것은 무엇을 말하는가.

한 사람이 아파트 1,000채 이상을 소유한 것을 비롯하여, 1가구 2주택자가 98만 명, 3주택 이상자가 18만 명이라는 통계 수치도 나와 있지 않은가. 부동산 공개념에 입각해서, 만약, 1가구 1주택으로 제한한다면 간단한 산술로도 아파트 130만 가구 건설 효과가 있는 것이다.

이는 송파 미니 신도시가 200만 평의 부지에 아파트 5만 가구 건설 계획임을 감안할 때 이 같은 신도시 26개의 건설효과와 맞먹는다. 좁은 국토면적(산지를 제외하면 평지는 전국토의 30% 내외)에 주택을 투기의 대상으로 삼아 아파트를 계속 지어 나간다면 '삼천리 금수강산'이 '아파트강산'으로 변할 날도 머지않은 것 같다.

강남, 수서, 분당, 수지, 영통 등 계속해서 아파트를 지어 내려가다 보니 서울이 안성까지 연장되었다고 하는 자조적인 표현까지 듣는다. 필자는 현재의 부동산 규제 시스템으로는 전국토가 아파트로 뒤덮여도 무주택자 비율은 크게 줄어들지 않을 것으로 확신한다.

수도권 19개 위성도시의 수많은 아파트단지로도 부족하여 재건축, 재개발이라는 명분으로 멀쩡한 집 부수고, 그 방대한 건축 폐자재는 다 어디다 버려야 하는지 환경문제 또한 심각한 상황이 아닐 수 없다. 토지·주택 공개념을 이야기하면서 시장원리를 함께 내세워 본질을 호도하는 사회 일각의 '물타기식' 궤변에 정부가 결코 휘둘려서는 안 된다.

요컨대, 부동산 투기 과열을 잠재울 핵심적 처방은 1가구 1주택의 소유제한과 아파트 분양원가 공개의 두 가지 복안 외엔 대안이 없다고 본다.

〈한국일보, 2005. 9. 9.〉

행정수도, 대책 없는 반대

"초가삼간 다 타도 빈대 죽는 것만 시원하다"라는 우리 속담이 있다. 요즘 신행정수도 이전 문제를 둘러싼 정치권의 격돌을 보노라면 본말이 전도된 감정싸움이 앞선 것 아닌가 하는 생각이 든다. 청와대, 여야, 일부 언론에다 시민단체까지 나서 공방이 한창이다. 급기야는 반대 측에서 헌법소원까지 제기한 상태이다.

행정수도 이전 논란은 어제 오늘 이야기가 아니다. 적어도 30여 년의 해묵은 이야기이다. 1971년 대통령선거 때 신민당 김대중 후보가 행정수도 이전 공약을 제시한 것을 필두로 1977년엔 박정희 대통령이 임시행정수도 건설 구상을 발표, 추진하던 중 이태 뒤 시해사건으로 불발로 끝났다.

1960년대 말 이호철의 신문 연재소설 "서울은 만원이다"가 나올 무렵 서울 인구는 380만 명이었다. 지금 서울 인구는 1,100만에 육박하고 서울 경기 일원을 합친 인구는 2,300만이다. 수도권은 전 국토의 11.8% 면적에 전체인구의 47%가 밀집해 있다.

사정이 이렇다 보니 환경오염, 교통난, 주택난 등은 매거하기 어려울 정도이다. 한마디로 21세기 웰빙 시대에 최악의 삶의 질을 향해 질주하는 느낌이다. 정부는 1970년대 이래 그린벨트를 비롯해 수도권정비계획, 국토이용계획 등 각종 수도권 인구 과밀화 억제 정책을 폈으나 백약이 무효였던 것이다.

정부가 30년의 시행착오를 뒤로 하고 작년 말 여야 합의로 국회에서 통과된 '신행정수도건설특별법'을 바탕으로 행정수도 후보지까지 사실상 발표한 지금에 와서 이를 백지화하라는 주장은 전혀 납득이 가지 않는다. 신행정수도 이전 반대논리는 크게 보아 세 가지이다.

첫째, 수도 이전은 국가적 중대사이므로 국민투표에 부쳐 민의를 확인해야 한다는 것이다. 미국이 수도를 뉴욕(1789년)에서 필라델피아(1790년)로, 후에 다시 워싱턴(1800년)으로 두 번씩 이전했지만 국민투표를 했다는 이야기는 못 들었다. 현실적으로도 이치에 맞지 않는다. 우선 수도권 거주자 대다수가 직간접으로 영향을 받는 입장에 있기 때문이다.

내 집, 내 땅, 내 건물값이 내려가고, 유통·서비스업이든 자영업이든 가뜩이나 불경기에 장사 안 되는 마당에 '삶의 질' 같은 이야기는 사치스러운 말로밖에 들리지 않을 것이다. 강원도나 경기 북부 주민들은 수도가 이전되면 불편해지니 처음부터 달갑지 않을 것이다. 결국 국민투표는 인구의 절반에 가까운 이해관계자가 투표에 참여함으로써 진정한 민의가 반영되기 어렵다고 본다.

둘째, 경제도 어려운데 비용이 너무 많이 든다는 것이다. 행정수도 이전비용에 관해서는 여야 정당과 연구기관 등에서 대체로 6조 원에서 50조 원대까지 의견이 분분하지만 분명한 것은 이 돈이 일시에 다 들어가는 것이 아니라는 점이다. 10~20년에 걸쳐 연차적으로 조달하면 된다. 1990년대 초 건설부장관으로 신도시 건설 경험이 있는 박 승 한국은행 총재는 최근 "개발이익 환수를 통한 재원을 활용하면 분당 신도시 건설비용 정도면 충분하다"며 경제적 부담에 대해 크게 우려하지 않아도 된다는 입장을 밝힌 바 있다.

끝으로 신행정수도를 건설해도 인구 분산 효과가 없다는 주장이 있다. 이는 우리의 정치문화를 이해하지 못한 데서 온 그릇된 판단으로 보인다. 옛말에 '사람은 나면 서울로, 말은 제주로 보내라'라는 속담이 있다. 이는 조선 500년의 유교문화와 일제 식민지 등을 거치면서 우리 사회가 관존민비식 권위주의 문화에 젖어 있음을 보여준다. 바로 이런 이유로 1970년대 이래 각종 수도권 인구 분산 정책이 실효를 보지 못했던 것이다.

행정부와 함께, 입법, 사법부도 서울에서 옮겨가야 비로소 서울 인구 감소 효과가 나타날 것이라고 확신한다.

〈한국일보, 2004. 7. 14.〉

국회, 낮은 곳으로 임하라

　17대 국회 개원일이 얼마 안 남았다. 벌써부터 총리는 누가 하느니 동반 입각을 하느니 분주하기 이를 데 없다. 여야 각 당은 국회 등원을 앞두고 당선자 연찬회 등을 열어 저마다 국민 앞에 새로운 다짐을 내놓고 있다. 상생의 정치를 하겠다거나 국민에게 감동을 주는 정치를 하겠다는 지극히 추상적인 다짐은 논외로 하고 "룸살롱에 안가겠다" "하루 5시간만 자겠다" 또는 "자전거로 등원하겠다"는 등 일부 당선자들의 각오와 결의가 눈길을 끈다.

　언론 보도를 통해 이런 소식을 접하면서 과연 그들의 초심이 얼마나 오래 이어질 것인지에 자못 관심이 모아진다. 우리는 유세 때는 국민을 위해 봉사하겠다고 간곡히 호소하다가 일단 당선이 되고 나면 언제 그랬느냐는 듯이 제 몫 챙기기에만 바쁜 의원들을 수도 없이 보아 왔다.

　유형은 다르나 사회지도층의 솔선수범의 자세는 동서고금을 통해 오랜 전통을 가지고 있는 그 사회의 미덕이자 문화규범이 아닐 수 없다. 서양에서는 '노블레스 오블리주(Noblesse oblige)'라 하여 고대 로마시대에 원로원 귀족들과 그 자제들이 전쟁이 나면 제일 먼저 전쟁터에 나아가 목숨을 바쳤으며 세금도 제일 많이 냈다. 중세 봉건시대에도 그러한 전통은 기사제도를 통해 이어져 왔다.

　근세에 와서 노블레스 오블리주가 특히 프랑스와 관련하여 자주

거론되는 것은 이 나라의 위정자들이 그러한 소임을 다하지 못해 세 차례나 혁명을 겪으면서 정치 소용돌이 속에서 이 말이 국민들에게 무엇보다 어필할 수 있었기 때문이다.

1830년 7월 혁명으로 부르봉왕가를 대신해 왕위에 오른 오를레앙 공 루이 필립이 초기에는 '시민왕'을 자처하며 일과 후 우산을 받쳐 들고 파리 시내를 산책하는 등 당시로서는 파격적인 자유주의적 행보를 보이기도 하였다. 그러나 불과 10여 년 후에 다시 절대왕정으로 회귀하는 조짐을 보이다 1848년 2월 혁명으로 쫓겨나는 신세가 되었음은 익히 알려진 사실이다.

역으로 조선조 최고의 부자로 알려진 경주 최부잣집 300년 부의 비결은 우리식의 노블레스 오블리주의 전형이라고 할 수 있다. 비결은 다름 아닌 그 집안 가훈에 있었다. 즉 흉년기에는 땅을 사지 마라, 며느리들은 시집 온 후 3년 동안 무명옷을 입어라, 사방 백 리 안에 굶어 죽는 사람이 없게 하라는 가르침이 있었던 것이다. 요컨대, 가진 자의 나눔의 정신 또는 사회적 책임을 말하는 것이다.

이와 같이 정치권력이든 경제적 부든 사회지도층의 솔선수범은 다양한 형태로 나타날 수 있으나 우선 일반 국민들의 눈에 가시적으로 비쳐질 수 있는 것은 17대 국회의원 당선자들이 다짐했다는 위의 생활준칙이 한 예가 됨은 물론이다. 여기서 핵심은 권력의 '낮은 데로 임하소서'이다. 권위주의를 배격하고 유권자에게 좀더 가까이 다가갈 수 있는 대중 정치인이 되어 달라는 것이다.

이와 관련해서는 연전 필자가 스웨덴에 잠시 거주할 때 현지 한국 대사관 직원으로부터 들은 이야기가 신선한 충격으로 아직도 귓가에 남아 있다. 스톡홀름 대사관의 한 한국 외교관이 주말에 차를 타고 외출하다 시내 교차로에서 신호대기를 하고 있는데 옆 차선에 차체가 녹슨 오래된 볼보차가 와서 멎었다. 그런데 무심코 운전자를 쳐다보았더니 어디서 낯이 많이 익은 사람이었다. 나중에 알고 보니 스웨덴 현직 총리였다는 것이다.

네덜란드나 스위스 등 서유럽 선진국에서는 의원들이 자전거 타고 등원하는 모습을 TV를 통해서도 흔히 본다. 이제 우리도 17대 국회에서는 지하철이나 버스, 자전거는 물론이고 경우에 따라 인라인 스케이트나 보드웨이를 타고 등원하는 의원 모습까지도 볼 수 있었으면 좋겠다.

〈한국일보, 2004. 5. 12.〉

자치단체장과 바람직한 리더십

금년은 지방자치의 일꾼을 뽑는 지자제 선거의 해이다. 이제 4개월여 뒤에 치러질 지방자치단체장과 의회의원 선거를 앞두고 여야 정치권은 벌써부터 일대 회오리바람이 불고 있는 느낌이다. 그동안 명예직이었던 지방의회의원도 유급화된다는 소식과 함께 자치의회 선거의 전초전도 가열화되는 양상을 보이고 있다.

연방정부하의 주 단위 자율권 확대를 시사하는 제주의 특별자치도 구상도 점차 구체화되는 등 바야흐로 지방정치의 시대가 열리고 있다. 지방정치의 틀인 지자제의 핵심은 아무래도 시장, 군수 등 단체장이 되지 않을 수 없다. 중앙정치무대에 있어서 국회의원선거보다는 대통령 선거에 더 관심을 갖게 되는 이치와 다를 바 없다.

따라서 차제에 한번 지역주민의 입장에서 지방자치단체장의 바람직한 리더십과 그 요건에 관해 생각해 보는 것도 의미 있는 일일 듯 싶다.

민선 자치단체장의 가장 중요한 덕목은 지역갈등을 통합, 조정하는 능력이다. 미국의 저명한 정치학자 데이비드 이스턴의 정의에 따르면 "정치란 사회적 희소가치의 권위적 배분과정"이라고 했는데 이는 바로 갈등을 관리하는 소임이 이들에게 있음을 함축한다. 즉 단체장은 행정관료이기 이전에 그 지방이나 지역의 정치지도자이다. 그들은 지역주민의 상충하는 이해관계와 주장들 속에서 적절한 대안을 만들어내야 하고 필요시 주민들을 설득해 자신의 대안에 대한 지지를 이끌어내야 한다.

둘째, 지방자치 행정체제를 이루는 환경요인에 대한 지방정부의 외부관계를 효과적으로 관리하는 능력이 요구된다. 이는 단체장(시장, 군수)의 중앙정부와 국회와의 관계는 물론이고 국제화, 세계화시대를 맞아 외국의 정부와 의회, 더 나아가 유엔 등 관련 국제기구 등과 횡적, 종적 연대관계를 형성해 나아갈 수 있는 능력도 겸비될 것을 요구한다. 이를 위해서는 중앙정치무대에서의 경험, 영어 등 외국어 능력이나 국제 감각도 향유하고 있다면 금상첨화이겠다.

셋째, 자치행정의 개혁적 관리능력이 요구된다. 공무원의 무사안일을 배척하고 창의적인 개혁 마인드로 행정조직의 분위기를 일신하여 말 그대로 지역주민의 봉사자로 최선을 다하는 자세를 말한다. 특히, 이와 관련 공무원의 청렴의무 이미지는 가장 우선시되어야 할 덕목이다.

끝으로 정책형 리더로서의 자질이 요구된다. 자치행정의 비전과 목적을 실현하는 능력을 말하는데 이는 다시 말해 지역의 현안과제를 해결하고 지역발전을 위해 요구되는 미래지향적인 정책과 비전을 제시하는 것이다.

요컨대, 이제는 자치단체장도 프로가 되어야 한다는 뜻이다. 아마추어의 시대는 지방정치에 있어서도 사라질 날이 머지않았다는 이야기이다.

독일의 저명한 사회학자 막스 베버는 정치인의 중요한 덕목으로 "열정과 책임감, 미래를 보는 혜안과 균형감각(판단력)"을 들고 있는데 이는 100여 년이 지난 오늘날 여전히 중앙정치에는 물론, 지방정치의 시대에도 걸맞은 명언이 아닐 수 없다.

〈이천저널, 2006. 2. 20.〉

• 저자 •

김경수

•약 력•

고려대학교 법과대학 졸업
미국 St. John's대(정치학석사)
미국 New York 주립대학교(정치학박사)
고려대, 성균관대, 경희대 강사
한국국방연구원 책임연구위원, 전략무기통제 연구실장
군비통제연구센터 소장, 안보전략연구부장 역임
현재, 명지대학교 방목기초교육대학 교수
뉴욕 유엔군축위원회(UNDC)회의 한국대표
제네바 군축회의(CD) 한국대표
노르웨이 오슬로 국제대인지뢰금지협약회의 한국대표
스웨덴 스톡홀름국제평화연구소(SIPRI) 초빙 연구위원
미국 Columbia/Rutgers 대학 객원교수
통일부 정책자문위원
외교통상부 정책자문위원
대통령비서실장 보좌관
한국정치학회 감사/이사, 한국국제정치학회 이사, 同 지역연구분과위원장
한국정치외교사학회 상임이사
한국세계지역학회 회장(2000-2001)역임

•주요논저•

『한국의 핵정책』
『제3세계와 강대국 정치』
『인도와 한국전쟁』
『남북한 상호불가침의 국제적 보장방안』
『한국의 외교정책』(공편)
『국제대량살상무기 규제체계 연구』
『국제 비확산체제와 한반도 대량살상무기통제』
『North Korea's Weapons of Mass Destruction: Problems and Prospects』
『'비확산'과 국제정치』
「ARF and the Korean Peninsula」
「A Formula for the Korean Peace Treaty」
「Geneva Nuclear Accord : Problems and Prospects」
「A Formula for 'Cooperative Security' on the Korean Peninsula」
「European Arms Control in Perspective : Searching for an Applicable
 Formula in Korean Peninsula」
「A Formula for Conflict-Management in Northeast Asia」
「KEDO Solution : A Multilateral Approach」
외 다수

김경수 국방·안보·시사 칼럼집

대포동 미사일과
연예인 X파일

국익(國益), 공익(公益), 사익(私益)의 정치경제 현장

- 초판 인쇄 | 2007년 11월 30일
- 초판 발행 | 2007년 11월 30일

- 지 은 이 | 김경수
- 펴 낸 이 | 채종준
- 펴 낸 곳 | 한국학술정보㈜
  경기도 파주시 교하읍 문발리 513-5
  파주출판문화정보산업단지
  전화 031) 908-3181(대표) · 팩스 031) 908-3189
  홈페이지 http://www.kstudy.com
  e-mail(출판사업부) publish@kstudy.com
- 등   록 | 제일산-115호(2000. 6. 19)
- 가   격 | 18,000원

ISBN   978-89-534-7851-0 93340 (Paper Book)
        978-89-534-7852-7 98340 (e-Book)

.